U0158537

劉操南（1917.12.13—1998.3.29）

（1969 年 11 月 18 日攝於杭州）

劉操南先生的部分手稿

圖爲劉操南先生已出版的部分天文曆算方面的著述

劉操南先生先后擔任浙江省政協委員、浙江省政協文史委員會副主任、浙江省文史研究館名譽館長、民盟浙江省委常委、宣傳部副部長以及浙江省政協詩書畫之友社副社長等職務，熱忱工作，無私奉獻

1990 年臺灣高雄古典詩學研究會訪問團 40 餘人與杭州大學組織“蘇杭詩詞研修會”，劉操南教授爲他們講學並賦詩 20 多首。臺灣 13 家報紙刊載消息及詩作

照片由劉操南先生之子劉文涵教授策劃編制

凡月蝕既，汎用刻二十。如去交分千四百三十五已下，因增半刻；七百一十二已下，又增半刻。

月蝕的去交分，若在2147以下，則月食皆既。若在以上，以減後準9737.1744，其減餘用定法506約為蝕分。凡月蝕既，規定汎用刻為20；如去交分在1435以下，則增半刻；在712以下，則又增半刻。

凡日月帶蝕出没，各以定法通蝕分，半定用刻約之，以乘見刻，多於半定用刻，出為進，没為退；少於半定用刻，出為退，没為進。各如定法而一，為見蝕之大分，朔晝望夜，皆為見刻。其九服蝕差，則不復考詳。

日月帶蝕出没術法，為宣明曆所創，並為以後曆家所沿用。

各以定法通蝕分，即以定法，除蝕限，既得蝕分，則以定法乘蝕分，復得蝕限。

定用刻是虧初至復末所需時刻。

半定用刻是虧初或復末至食甚時刻。

見刻是以虧初在日出(没)前，或復末在日没(出)后；

中度一百八十四度餘一千五百四萬一千一百二十五半，约餘一千八百五十四

象度九十二度餘七百五十二万五百六十二太，约分九百二十七

月平行十三度餘二千九百九十一萬三千约分三千六百八十七半

望差一百九十七度餘三千一百九十二萬四千六百二十五半，约分三千九百三十四

弦差九十八度餘五千六百五十二萬二千三百一十二太，约分六千九百六十七

日衰一十八，小分九

$$2080\times\text{元法}\,39000=\text{轉度母}\,81120000$$

$$\frac{\text{轉中}\,29882242251}{\text{轉度母}\,81120000}=\text{轉終度}\,368^\circ\frac{382251}{81120000}$$

$$=368^\circ.3708$$

$$\frac{\text{朔差}\,2142887000}{81120000}=\text{朔差度}\,26^\circ\frac{33767000}{81120000}$$

$$=26^\circ.41625$$

$$\text{轉中分}+\text{朔差}=\text{会周}\,32025129251$$

$$\frac{\text{轉中分}\,29882242251}{\text{轉法}\,1084473000}=27\text{日}.5546$$

$$\frac{\text{轉終度}}{2}=\text{中度}\,184^\circ\frac{15041125.5}{81120000}=180^\circ.1854$$

$$\frac{\text{中度}}{2}=\text{象度}\,92^\circ\frac{7520562\frac{3}{4}}{81120000}=92^\circ.0927$$

月平行和崇天麻同，规定為

《古代曆算資料詮釋》手稿

劉操南全集

古代曆算資料詮釋 下

劉操南 著

浙江大學出版社
ZHEJIANG UNIVERSITY PRESS

目　録

唐郭獻之五紀麻資料
唐書麻志

唐徐承嗣楊景風等正元麻資料
唐書麻志

唐徐昂觀象麻

唐徐昂宣明麻資料
唐書麻志

唐邊冈崇玄麻資料
唐書麻志

十

五紀麻

寶應元年六月望戊夜，月蝕三之一。官麻加時在日出後有交，不署蝕。代宗以至德麻不与天合，詔司天台官屬郭獻之等，復用麟德元紀，更立歲差，增損遲疾交会及五星差數，以寫大衍舊術。上元七曜起赤道虛四度，帝為製序，題曰：五紀麻。其与大衍小異者九事：曰，仲夏之朔，若月行極疾，合于亥正，朔不進則朔之晨，月見東方矣。依大衍戊初進初朔，則朔之夕，月見西方矣。當視定朔小餘，不滿五紀通法，如晨初餘數，減十刻已下者，進以明日為朔，一也。

新唐书《麻志》載郭獻之等用麟德麻，更立歲差，增損迟疾交会及五星差數，以写大衍術，作五紀麻。故不載術文，僅述法數；并简改革的九端。

一谓：仲夏的朔日，距夏至極近，日行迟麻。若遇月行極疾，合朔如在亥正。若不進朔，則朔日的晨，月將见於東方。若依大衍麻戌初進朔，則朔日的夕，月將见於西方。改革方法：当视定朔小餘，不满五紀通法。如在晨初餘數内，減去十刻以下數，則当进以明日为朔。

以三萬二千一百之十乘夜半定漏刻，之十七，乘刻分從之，二千四百而一，爲晨初餘數，二也。

用麟德麻总法，依大衍麻求晨初餘数，其式应为：

$$晨初餘数=\frac{1340\times(刻数+\frac{刻分}{480})}{100}$$

$$=\frac{24\times1340\times(刻数+\frac{刻分}{480})}{24\times100}$$

$$=\frac{32160\times(刻数+\frac{刻分}{480})}{2400}$$

$$=\frac{32160\times刻数+67\times刻分}{2400}$$

五紀麻求晨初餘数，形式上和大衍麻不同，实质完全一致。

陽麻去交分，交前加一辰，交後減一辰，餘百八十三已下者，日亦蝕，三也。

三谓：在陽麻去交分内，交前加入一辰，交後減去一辰，減餘如在百八十三以下，亦有日蝕。

月蝕有差，以望日所入定數，視月道同名者，交前爲加，交後爲減；異名者，交前爲減，交後爲加，各以加減去交分，又交前減一辰，交後加一辰，餘如三百三十八已下者，旣，已上以減望差八十約之，得蝕分，四也。

四謂：凡月蝕皆有差，以望日所入定數，（見後太陽損益差条）若和月道同符号的，则交前加，交後減。若为異符号的，则交前減，交後加。各以之加減去交分；（月道的同名異名，見大衍曆解釋）又交前減一辰，交後加一辰，加減所得，如在三百三十八以下，则为蝕既，以上，则由望差減去之，並以八十除之，而得月蝕分。

日蝕有差，以朔日所入定數，十五而一，以減百四，餘爲定法，以蝕差減去交分，又交前減兩辰，餘爲陰曆蝕。其不足減者，反減蝕差，在交後減兩辰，交前加三辰，餘爲類同陽曆蝕。又自小滿畢小暑，加時距午正八刻外者，皆減一辰，三刻內者，皆加一辰，自大寒畢立春，交前五辰外，自大暑畢立冬，交後五辰外，又減一辰，不足減者旣。加減訖，各如定法而一，以減十五，餘爲蝕分，其陽曆蝕者，置去交分，以蝕差加之，交前加一辰，交後減一辰，所得以減望差，餘如百四約之，得為蝕分，五也。

五谓：日蚀亦有差，以朔日所入定数（见后太阳每日蚀差条）用15除后，以减104，称其减余为定法，以蚀差减去交分，及交前减两辰，其减余为阴历蚀。不足减时，则反减蚀差，在交后减两辰，交前加三辰，加减所得，为类似阳历蚀。又自小满直到小暑，加时若在距午正八刻以外，皆减一辰。若在三刻以内，皆加一辰。又自大寒直到立春，交前在五辰以外，~~又减一~~辰。自大暑直到立冬，交后在五辰以外，又减一辰。如不足减，则蚀既。计称完毕，各以定法除之，以减十五，减余即为蚀分。其在阳历蚀的场合，则以蚀差加去交分，交前加一辰，交后减一辰。所得即以之减望差，并以百四约减余，而得蚀分。

所蝕分，日以十八乘之，月以二十乘之，皆十五而一，為汎用刻，不復因加，六也。

六谓：所得蚀分，日以18乘，月以20乘，乘后，皆用15除为汎用刻数，不复如大衍历的因加。

日蝕定用刻在辰正前者，以十分之四為虧初刻，六為復末刻。未正後者，六為虧初刻，四為復末刻，不復相半，七也。

七謂：日蝕定用刻，如在辰正以前，其虧初刻佔全刻的十分之四，復末刻佔十分之六。如在未正以後，虧初刻為十分之六，復末刻為十分之四，不復如大衍麻的各佔半數。

五星乘數除數，諸變皆通用之，不復變行異數，入進退麻，皆用度中率，八也。

八謂：五星乘數除數，添置於大衍麻法數之標的后面，在大衍麻五星變行表中，進數削去，以示各星諸變段目中，只用一个乘數及除數，不復如大衍的變行異數。其入進退麻，皆用度中率。

以定合初日与前疾初日，後疾初日与合前伏初日先後定數，各同名者，相消為差。異名者，相從為并，皆四而一，所得滿辰法各為日，乃以前日盈減縮加其合後伏日變率，亦以後日盈加縮減合前伏日變率。

太白辰星夕变則返加減留退。

二退度变率，若差於中率者，倍所差之數，曰伏差，以加減前疾日度變率。

熒惑均加減前疾兩変日度変率。

歲星熒惑鎮星前留日変率，若差於中率者，以所差之數為度加減前遲日変率。

皆多於中率之數者加之，少於中率者減之。

後留日變率，若差於中率者，以所差之數為日，以加減後遲日変率，及加減二退度變率，又以伏差加減後疾日度變率。

多於中率之數者減之，少於中率者加之，其熒惑均加減疾遲兩変日度変率，歲星鎮星無遲，即加減前後順行日度変率。

太白晨夕退行度變率，若差於中率者，亦信所差之數為度，加減本疾変度率。

夕合前後伏雖亦退行不取加減。

二留日変率，若差於中率者，以所差之數為度，加減本遲度變率，皆多於中率之數加之，少於中率減之，其辰星二留日変率，若差於中率者，以所差之數為度，各加減本遲度変率，疾行度変率，若差於中率者，以其差之數為日，各加減留日変率。

亦多於中率之數者加之，少於中率者減之，其留日変率，若少不足減者，侵減遲日交率。

加減訖，皆為日度定率，九也。

九謂：将定合初日和前疾初日所接續的两段目，及後疾初日和合前伏初日所接續的两段目的先後定数。若係同符号的，則相減為差。若異符号的，則相加為和。皆以四除，並将所得滿長法335為一日。〔先後数是以通法1340為分母。各以4除分子、分母，除得数对於分母成為長法335。〕於是以前两段目所得，盈減縮加其合後伏交率，亦以后两段目所得，盈加縮減其合前伏日交率。

太白辰星，若在夕交段目，則返加減留退两交率。

又二退度交率，若比較中率有差，則两倍其所差数，称之为伏差。以之加減前疾日度交率。

火星因有两个前疾段目，須均加減之。

木、火、土三星的前留日交率，若比較中率有差，即以所差数为日以加減其前遲日交率。

皆多於中率之数加之，少於中率之数減之。

其后留日交率，若对於中率有差，则以所差数為日，以加减後迟日交率，且加减二退度交率，又以伏差加减後疾日交率。

多於中率者减之，少於中率者加之，其火星均加减疾迟两交日度交率，木、土、两星无迟段，则加减前后順行段日度交率。

太白晨夕退行度交率，若对于中率有差，六倍所差為度，加减本疾度交率。

夕合前後两伏，雖亦退行，不取加减。

二留日交率，若对于中率有差，则将所差为度，以加减本迟度交率，多於中率者加，少於中率者减。辰星二留日交率，若差於中率，则以所差数為度，各加减本迟度交率，疾行度交率。若对於中率有差，则以所差数为日，各加减其留日交率。

多於中率者加，少於中率者减，其留日交率，若少而不足减，则侵减迟日交率。

以上诸加减计秝，均讫，即各为日度交率。

大衍以四象考五星進退，或時弗叶。献之加减頗異，而偶与天合。

这是歐陽修引述刘羲叟的话，以为五纪

麻的评价。

唐代开元以後，麻術都依据大衍，或者沿襲麟德，不终两家範围。献之的五纪氣朔交会，全襲麟德；只是火、土二星，餘秒小数稍略。所改歲差，把91年餘差一度，周琮《论麻》批评它是："疏謬甚"。

"其疏謬之甚者，即苗守信之乾元術，馬重績之調元術，郭献之五纪術，大概無出於此矣。"

於是頒用，訖建中四年。

寶應五紀麻演紀上元甲子距寶應元年壬寅積二十六萬九千九百七十八算。

距唐代宗宝应元年壬寅歲，積269978，60除之，餘38，知壬寅歲不计入内。

五紀通法千三百四十。

五纪通法，即麟德总法，用1340，和麟德同。

策實四十八萬九千四百二十八。

揲法三萬九千五百七十一。

俱同麟德。

策餘七千二十八。

用差七千五百四十八。

掛限三萬八千三百五十七。

三元之策十五，餘二百九十二，秒五，秒母之。

以象統爲母者，又四因之。

四象之策二十九，餘七百一十一。

一象之策七，餘五百一十二太。

天中之策五，餘九十七，秒十一，秒母十八。

地中之策六，餘百一十九，秒四，秒母三十。

貞悔之策三，餘五十八，秒十七。

辰法三百三十五。

刻法百三十四。

乾實四十八萬九千四百四十二，秒七十。秒法一百。

周天度三百六十五，虛分三百四十二，秒七十。

歲差十四，秒七十。

約九十一年餘，而差一度，其法甚疏。

秒法百。

定氣	盈縮分	先後數	損益率	朓朒積
冬至	盈1037	先端	益78	朒初
小寒	盈813	先1037	益61	朒78
大寒	盈613	先1850	益46	朒139
立春	盈430	先2463	益32	朒185
雨水	盈159	先2893	益19	朒217
驚蟄	盈94	先3152	益7	朒236
春分	縮94	先3246	損7	朒243

清明 縮259 先3152 損19 朒236
穀雨 縮430 先2893 損32 朒217
立夏 縮613 先2463 損46 朒185
小滿 縮813 先1850 損61 朒139
芒種 縮1037 先1037 損78 朒78
夏至 縮1037 後端 益78 朓初
小暑 縮813 後1037 益61 朓78
大暑 縮613 後1850 益46 朓139
立秋 縮430 後2463 益33 朓185
處暑 縮259 後2893 益19 朓217
白露 縮94 後3152 益7 朓236
秋分 盈94 後3246 損7 朓243
寒露 盈259 後3152 損19 朓236
霜降 盈430 後2893 損32 朓217
立冬 盈613 後2463 損46 朓185
小雪 盈813 後1650 損61 朓139
大雪 盈1037 後1037 損78 朓78

定氣所有日及餘，以辰計之，曰辰數，與大衍同。

六虛之差七，秒七十。

轉終分百三十六萬之千一百五十六。

轉終日二十七，餘七百四十三，秒五。

秒法三十七。
轉法六十七。

約轉分爲度 日遂程積遂程日轉積度

終日	轉分 列衰	損益率	朓朒積
一日	986 退12	益135	朓初
二日	974 退12	益117	朓135
三日	962 退14	益99	朓252
四日	948 退15	益78	朓351
五日	933 退15	益56	朓429
六日	918 退16	益33	朓485
七日	902 退16	初益8 末損1	朓518
八日	886 退16	損14	朓525
九日	870 退15	損38	朓511
十日	855 退13	損62	朓473
十一日	842 退14	損85	朓411
十二日	828 退11	損103	朓326
十三日	817 退7	損118	朓223
十四日	810 退3 進1	初損105 末益30	朓105
十五日	808 進11	益128	朒30
十六日	819 進13	益115	朒158
十七日	832 進14	益95	朒273
十八日	846 進15	益74	朒368

十九日	861進16	益52	朒442
二十日	877進16	益28	朒494
二十一日	893進16	初益6 末損3	朒522
二十二日	909進15	損20	朒525
二十三日	924進15	損42	朒505
二十四日	939進15	損65	朒463
二十五日	954進14	損89	朒298
二十六日	968進11	損109	朒309
二十七日	979進6	損125	朒200
二十八日	985進5 退4	初損75 末益入後	朒75

七日	初1191 末149	14日	初1042 末298
21日	初892 末448	28日	初743 末597

入交陰陽	屈伸率	屈伸積
一日	屈24	積初
二日	屈17	積24
三日	屈11	積41
四日	屈8	積52
五日	屈11	積60
六日	屈17	積一度四

七日	初縮18 末伸6	積一度二十
八日	伸17	積一度三十三
九日	伸11	積一度十六
十日	伸8	積一度五
十一日	伸11	積六十四
十二日	伸17	積五十三
十三日	伸24	積三十六
十四日	初伸12 末縮入後	積十二

半紀670　象積480　辰刻8刻分160

昏明刻各2刻分240　交終364643767

交終日27，餘284，秒3767

交中日13，餘812，秒1883半

朔差日2，餘426，秒6233

望差日1，餘213，秒3116半

望數日14，餘1025，秒5000

交限日12，餘598，秒8767

交率61

交數777

凡春分後陰曆交後，秋分後陽曆交後為月道同名，餘皆為異名。

辰分113　秒法一萬

去交度乘數十一，除數千一百六十五。

太陰損益差冬至夏至益十九，積七十六，小寒小暑益十七，積九十五，大寒大暑益十四，積百一十一，立春立秋益十二，積百二十五，雨水處暑益十，積百三十七，驚蟄白露益七，積百四十七，春分秋分損七，積百五十四，清明寒露損十，積百四十七，穀雨霜降損十二，積百三十七，立夏立冬損十四，積百二十五，小滿小雪損十七，積百一十一，芒種大雪損十九，積九十五，依定氣求朓朒術入之，得其望日所入定數。

五紀曆術都沿大衍曆，惟在交会月食方面，增加实测材料。即太阴损益差对于各气的关係，以冬夏二至为对称轴，其益差为十九，積为七十六。小寒小暑益差17，積95；大寒大暑益差14，積111；立春立秋益差12，積125；雨水处暑益差10，積137；驚蟄白露益差7，積147；春分秋分損差7，積154；清明寒露損差10，積147；穀雨霜降損差12，積137；立夏立冬損差14，積125；小满小雪損差17，積111；芒種大雪損差19，積95。

設所求的望日，距相近的某气為若干

則求若干損益差後，得所入定數。求法与麟德麻求朔望盈缩大小餘条同，亦即求朔弦望盈朒大小餘条，所謂：依定气術求朓朒入之，而得所求。

太陽每日蝕差，月在陰麻，自秋分後春分前，皆以四百五十七爲蝕差。入春分後日損五分，入夏至初日，損不盡者七，乃自後日益五分。月在陽麻，自春分後秋分前，亦以四百五十七爲蝕差，入秋分後，日損五分，入冬至初日，損不盡者七，乃自後日益五分，各得朔日所入定數。

太陽每日亦有蝕差，月在阴麻的場合，在秋分后春分前半年時期内，皆以457爲蝕差；入春分后則逐日損差五分，一直損至夏至初日，剩有損不尽的差7分，以后又逐日益5分。月在陽麻的場合，在春分后秋分前的半年期间，也以457为蝕差，入秋分后，逐日損益5分，一直到冬至初日，剩有損不尽的差7分，以后逐日益差5分，如此计称，得朔日所入定数。

关於法数，和大衍麻比較，只於步中朔删去減法，步交会術加入辰分和乘数、除数而已。

歲星終率五十三萬四千四百八十二，秒三十六。
終日三百九十八，餘千一百六十二，秒三十六。
變差十四，秒八十八。
象算九十一，餘百五，秒十八。
爻算十五，餘七十三，秒四十六，微分三十二。
乘數五。　除數四。
熒惑終率百四萬五千八十八，秒八十三。
終日七百七十九，餘千二百二十八，秒八十三。
變差三十二，秒五十七。
象算九十一，餘百六，秒二十八，微分五十四。
爻算十五，餘七十三，秒五十四，微分七十三。
乘數百二十七。　除數三十。

唐書卷二十九曆志自鎮星終率以下五頁
待抄一九七二年春節第一日記

正元麻

德宗時五紀麻氣朔加時稍後天，推測星度與大衍差率頗異，

五纪麻五星依据麟德，原与大衍不同。詔司天徐承嗣与夏官正楊景風等，雜麟德大衍之旨，治新麻上元七曜，起赤道虛四度。建中四年，（783年A.D.）麻成，名曰：正元。其氣朔發斂、日躔月離、軌漏交会，悉如五紀法。惟發斂加時無辰法，皆以象統乘小餘，通法而一，為半辰數，餘五因之，六刻法除之，得刻，不盡六而一為刻分。

正元麻小有改革，大部分則沿襲五紀麻；故新唐书麻志只記法數，不載術文。對於气朔發斂，則廢去五紀麻的辰法，而以象统24乘各小餘，用通法除之，為半辰數。加不尽数。通法 $1095 = 5\times 219 = 5\times$ 刻法。欲以219为刻法，应由比例式

$$24:\frac{小餘}{通法}=5:所求相当的小餘x$$

$$=6:\frac{小餘}{4通法}$$

故 $x=\frac{\frac{小餘}{4\times 219}}{6}$ 所谓：餘五因之，六刻法除之，得刻。

此式当以六进法看待，其除不尽数，应再用六除之，而得刻分。

其執漏夜半刻分，以刻法準象積，取其數用之，以刻法通夜半定漏刻内分二十而一爲晨初餘數。月蝕去交分，如二百七十九已下者既。已上以減望差六十之約之爲蝕分，日蝕差亦十五約之，以減八十五，餘爲定法，又加減去交分訖，以減望差八十五約之，得蝕分，日法不同也。

步晷漏術 刻法219，3除刻法，得辰刻的刻分为73。又2除刻法，得昏明刻的刻分为109.5。

步晷漏时，由夜半漏刻及分，求晨前餘数。

$$晨前餘数=\frac{24\times 夜半漏刻}{100}$$

如以5代乘数24，於夜半定漏刻用刻法通整纳分后，应以和分对应的数值K代替之，得

$$晨前餘数\ \frac{5\times\frac{K}{279}}{100}=\frac{\frac{K}{279}}{20}$$

月蝕时去交分如在279以下，则蚀既；以上，以之减望差，而以66，约为蚀分，

又以15约日蝕差，以减85，称其减餘为定法，加减去交分說，以减望差，復以85约为蝕分。这是日法不同的缘故。餘可参攷大衍麻注釋的日蝕及月蝕。

其五星写麟德麻旧術，因冬至後夜半平合日算，加合後伏日及餘，即平見日算。金水先得夕見，其滿晨見伏日及餘，秒去之，餘為晨平見。求入常氣以取定見而推之。麟德麻之啟蟄，正元麻之雨水，麟德麻之雨水，正元麻之驚蟄也。麟德麻熒惑前後疾變度率，初行入氣差行日益遲疾一分，正元麻則二分，亦度毋不同也。

步五星，正元麻是写麟德麻旧術的。由冬至后夜半平合日标，加入合后伏日及餘，即得平見日及餘。

金水起标，先得夕見，其满晨見伏日及餘，则弃之。其餘则晨平見，

至於求常气，以取定气。注意之点：正元麻先雨水，后驚蛰；麟德麻先啟蛰后雨水。

关于步火星，在入冬至后的各气運行，

两麻術文体裁全同。余三星亦如此。惟法数各项，微有差异而已。

詔起五年正月行新麻，会朱泚之乱，改元興元，自是頒用。訖元和元年。(784—806)

凡二十三年。

建中正元麻演紀上元甲子距建中五年甲子，歲積四十萬二千九百算外。

七曜起在赤道虛宿四度，距唐德宗建中五年甲子歲，積402900年，以60除之，适尽，知建中5年，未计添於内。

唐書卷二十九十六頁以下諸頁未抄。一九七二年春節二月十五号，壬子正月初一，病中夜記。

觀象曆

憲宗即位，司天徐昂上新曆，名曰觀象。起元和二年用之，然無蔀章之數，至於察斂啟閉之候，循用舊法，測驗不合。

唐志云：今觀象曆有司無傳者。可見其法早已散佚。

宣明曆

至穆宗立，以為累世纘緒，必更曆紀。乃詔日官改撰曆術，名曰宣明。

上元七曜起赤道虛九度，其氣朔發斂，日躔月離，皆因大衍舊術，晷漏交會，則稍增損之，更立新數，以步五星。

其大略謂通法曰統法，策實曰章歲，揲法曰章月，掛限曰閏限，三元之策曰中節，四象之策曰合策，一象之策曰象準，策餘曰通餘，爻數曰紀法，通紀法為分曰旬周，章歲乘年曰通積分，地中之策曰候策，天中之策曰卦策，以貞悔之策減中節曰辰數，以加季月之節，即土用事日，以小餘滿辰法為辰數，滿刻法為刻。

統法　章歲　章月　閏限　中節　合策　象準
通餘　紀法　旬周　通積分　候策　卦策
辰數　土用事日　辰數　刻

乾實曰象數，秒法三百，以乘統法曰分統。

凡刻法乘盈縮分，如定氣而一，曰氣中率，與後氣中率相減，爲合差，以定氣乘合差，併後定氣，以除爲中差，加減氣率，爲初末率，倍中差，百乘之，以定氣除爲日差，半之，以加減初末，各爲定率，以日差累加減之，爲每日盈縮分。

象數　秒法　分統

求每日盈縮分

凡百乘氣下先後數，先減後加常氣爲定氣，限數乘歲差千四百四十爲秒分，以加中節，因冬至黃道日度累而裁之，得每定氣初日度入轉日麻。

求定氣　求每定氣初日度入轉日麻

关於宣明厤的作者

《疇人傳》云："唐志稱徐昂造觀象厤，於宣明術則但云日官，而不著姓名。宋周琮謂：徐昂宣明術，晤日食有氣刻差數。

元授時術議亦以宣明為條昂造。豈唐志所云日官，即指昂歟。”

凡入麻，如麻中巳下為進，巳下(下疑上字之误)去之，為退。

凡定朔小餘，秋分後四分之三巳上進一日，春分後昏明小餘差春分初日者五而一，以減四分之三，定朔小餘如此數巳上者進一日，或有交應見虧初則否定。弦望小餘不滿昏明小餘者退一日，或有交應見虧初者亦如之。

凡正交以平交入麻朓朒定數，朓減朒加平交入定氣餘，滿若不足，進退日算為正交入定氣，不復以交率乘交數除，及不加減平交入氣朓朒也。

求正交入定氣

凡朔弦望入麻，如在麻中以下，則為進，(观表自明)以上則棄去之，為退。

又秋分后定朔小餘，如在四分之三以上，則進一日。春分明将昏明小餘(解釋見后)和春分初日昏明小餘的相差數，以五除之，以減四分之三。定朔小餘在此數以上，則進一日。或遇蝕而应見虧初的，則不進。定弦望小餘，如不滿昏明小餘，則退一日。

如遇交会，而应見虧初的，则不退。

凡計标正交入定氣，以平交入麻朓朒定数，朓减朒加平交入定氣餘，加减時溢若不足，各進退一日，而得正交入定氣，不復如大衍麻的複杂计标，用交率乘和交数除，并加减平交入氣朓朒。

凡推月度，以麻分乘夜半定全漏，如刻法而一為晨分，以减麻分為昏分。

又以定朔弦望小餘乘麻分，統法除之，以减晨分，除為前不足，反相减餘，為後，乃前加後减，加時月度，為晨昏月度。

求晨分及昏分　求晨昏月度

推月度，以求晨分及昏分，和大衍麻相似。若以刻法代200刻，夜半定漏代夜漏，麻分代轉定分，遂相一致。即：

83：夜半定漏＝晨分：相当刻之

即麻分。而

昏分＝麻分－晨分

又作比例式：

统法：定朔弦望小餘＝麻分：相当值。晨分－相当值，减餘称之為"前"。若减数大於被减数，则反相减餘，其减餘為

"后"，乃前加后减，"加时月度"，为晨昏月度。

以所入加時日度减後麻加時日度，餘加上弦之度及餘，以所入日前减後加；又以後麻前加後减，各為定程。乃累計距後麻每日麻度及分，以减定程，為盈，不足反相减，為縮。以距後麻日數，均其差，盈减縮加每日麻分，為麻定分。

累以加朔弦望晨昏月度，為每日晨昏月度，不復加减屈伸也。

又以所入日加時日度，以减後麻入日加時日度，其减餘加入上弦之度及餘，所得以所入日前减後加；又以後麻所入日前加後减，各為定程。乃累计距後麻每日麻度及分，以减定程，命為盈；不足减反相减，命為缩。並以所距後麻日數，平均其差，以之盈减缩加每日麻分，得麻定分。

将麻定分累積，以加朔弦望晨昏月度，即得每日晨昏月度，亦不復如大衍麻的计标複杂。

又統曰中統，象積曰刻法，消息曰屈伸，以

屈伸準盈縮分求每日所入，曰定衰，五乘之，二十四除之，曰漏差，屈加伸減氣初夜半漏，得每日夜半定漏刻法，通爲分曰昏明小餘，二十一乘屈伸定數，二十五而一，爲黃道屈伸差，乃屈減伸加氣初去極度分，得每日去極度分，以萬二千三百八十六乘黃道屈伸差萬六千二百七十七而一，爲每日度差。屈減伸加氣初距中度分，得每日距中度數。

中統4200爲統法的半數，与大衍麻的交統相当。刻法84和象積相当。2除刻法得昏明刻刻分42，3除刻法得辰刻刻分28，距極度及北極出地度指陽城而言。

凡屈伸準消息於中晷曰定數，於漏刻曰漏差，於去極曰屈伸差，於距中度曰度差，交終曰終率，朔差曰交朔，望數曰交望，交限曰前準，望差曰後準。

凡月行入四象陰陽度有分者，十乘之，七而一，爲度分，不盡十五乘之，七除爲大分，不盡又除爲小分，乃以一象之度，九十除之，兼除度差分百一十三，大分七，小分一十，然後以次象除之。

計秝月行入四象，和大衍麻朔望夜半月

行入四象度数求法相同。

命朔或望月行入四象度为：

$$整度数+\frac{分}{8400}=整度数+\frac{\frac{分}{100}}{84}$$

又命 $\frac{分}{100}=K$ 以10乘，7除，则

$$\frac{K}{84}=\frac{\frac{10K}{7}}{120}=\frac{K_1+\frac{K_1'}{7}}{120}$$

更以15乘，而7除 K_1'，得

$$\frac{15}{7}\times K_1'=大分\frac{小分}{7}$$

由是前式可书为 $\dfrac{度分\frac{大分\frac{小分}{7}}{7}}{120}$

此式略大於原来阴阳度数，度分分母为120，和大衍麻同。

又二象限所佔度数，等于月的日平行，$13°.36859\times$中日 $13日\frac{5091.3256}{8400}$

亦即

$$13°.36859\times\left(13日+\frac{72.73322}{120}\right)=181°\frac{107.26}{120}，$$

復以2除此式，得 $90°\frac{113.63}{120}$。与術文"乃以一象之度，九十除之，兼除度差分113，

符合，至於大分七小分一少，須於计标中所取小数位数决定之。

凡日蝕以定朔日出入辰刻，距午正刻數，約百四十七爲時差，視定朔小餘，加半法已下，以減半法爲初率，已上減去半法餘爲末率，以乘時差，如刻法而一，初率以減末率，倍之，以加定朔小餘爲蝕定餘，月蝕以定望小餘爲蝕定餘。

先論時差：

$$時差=\frac{147}{定朔日出入辰刻距午正刻數}$$

$$初率=半统法-定朔小餘\ (小餘<半统法)$$

$$末率=定朔小餘-半统法\ (小餘>半统法)$$

今将定朔小餘，改为相当刻数 x，由比例試，

$$x=\frac{100刻\times定朔小餘}{8400}=\frac{定朔小餘}{84}$$

$$=食甚刻数$$

若定朔小餘，小於半法，則食甚在午前，

$$蝕定餘=定朔小餘-\frac{半法-小餘}{刻法}\times\frac{147}{日出辰距午刻數}$$

定朔小餘，大於半法，則食甚在午后，

$$蝕定餘=定朔小餘+\frac{小餘-半法}{刻法}\times\frac{2\times147}{日没辰距午刻数}$$

半法-小餘，或小餘-半法，以刻法除，等於食甚距午正刻数。由是得下列二式：

食甚在午前

$$蝕定餘=定朔小餘-147\times\frac{食甚距午正刻数}{日出辰距午正刻数}$$

食甚在午后

$$蝕定餘=定朔小餘+294\times\frac{食甚距午正刻数}{日没辰距午正刻数}$$

由此观之，若食甚在午正，則上式右边第二项为零。若在日出没時，則第二项为147，或294。

凡日蝕有氣差、有刻差、有加差。二至之初，氣差二千三百五十，距二至前後，每日損二十之，至二分而空，以日出没辰刻距午正刻数，約其朔日氣差，以乘食甚距午正刻数，所得以減氣差為定數。春分後陰厤加之，陽厤減之，秋分後陰厤減之，陽厤加之。

時差以外，宣明厤創立氣差、刻差、加差

三者。

关於气差的推标，归因於冬夏二至初，有气差2350；在二至前后，每日损26，至二分而尽。

这个所损日数，和宣明麻中節

$$15\text{日}\frac{1835\frac{5}{8}}{8400}\text{的}6\text{倍}\ 91\text{日}\frac{2613\frac{6}{8}}{8400}\text{相当，}$$

由於近似的計标，可以减尽。

$$\text{定数}=\left(\frac{\text{朔日气差}-\text{朔日气差}\times\text{食甚距午正刻数}}{\text{日出没辰刻距午正刻数}}\right)$$

$$=\text{朔日气差}-\frac{\text{朔日气差}\times\text{食甚距午正刻数}}{\text{日出没辰刻距午正刻数}}$$

$$=\frac{\text{朔日气差}\times(\text{日出没辰刻距午正刻数}-\text{食甚距午刻数})}{\text{日出没辰刻距午正刻数}}$$

定数，以朔日气差乘日出没辰刻，及食甚距午正刻数之比为正比。以日出没辰刻，距午正刻为反比，並将该定数，在春分后阴麻加之，陽麻减之。秋分後陰麻减之，陽麻加之。

二至初日無刻差，自後每日益差分二，小分十，起立春至立夏，起立秋至立冬，皆以四十九分有半，為刻差，自後日損差分二，小分十，至二至之初損盡。以朔日刻差乘食甚距午正刻數為刻差定數。冬至後食甚在午正前，夏至後食甚在午正後，陰厤以減，陽厤以加。冬至後食甚在午正後，夏至後食甚在午正前，陰厤以加，陽厤以減。又立冬初日後每氣增差十七，至冬至初日得五十一。自後每氣損十七，終于大寒損盡。若蝕甚在午正後，則每刻累益其差，陰厤以減，陽厤以加，應加減差，同名相從，異名相銷，各為蝕差。

关於刻差的推祘，归因於二至初日无刻差。

自後每日益差分2，小分10，計益至

$$3\times15^{日}\frac{1835\frac{5}{8}}{8400}=45^{日}\frac{5506\frac{7}{8}}{8400}$$ 為立春立秋日數。

由於近似的计祘，约略可得刻差四十九分半。

自是以后，自立春至立夏，或立秋至立冬，各日，各保持四十九有半的刻差。立夏立冬而后，至夏至及冬至，逐日又将四十九有半的刻差消尽。依此规定，可得各日刻差。

刻差定数＝朔日刻差×食甚距午正刻数。

定数在冬至后，食甚在午前；夏至后，食甚在午後。陰厤以減，陽厤以加。冬至后，食甚在午前後；夏至后，食甚在午前。陰厤以加，陽麻以減。各加減差（就气差刻差而言），同名相加，異名相減。各为蝕差，以2加減去交分为去交定分。所谓：加差一項，起自立冬初日，至冬至初，共三气。每气增差17，共得51。又猩三气至大寒，每气損17損尽。對于食甚在午正前后及陰陽麻有关，但所涉范圍甚小，以后各麻，並不沿用，故不重視之。

以加減去交分爲定分。月在陰麻，不足減反減蝕差。交前減之，餘爲陽麻交後定分。交後減之，餘爲陽麻交前定分，皆不蝕。陽麻，不足減，亦反減蝕差。交前減之，餘爲陰麻，交後定分；交後減之，餘爲陰麻交前定分，皆蝕。

凡去交定分如陽麻蝕限已下，爲陽麻蝕。以陽麻定法約爲蝕分，已上者，以陽麻蝕限，減之，餘爲陰陽蝕。以陰麻定法，约之，以減十五，餘爲蝕分。

討論去交定分。

若月在陰麻，而蝕差大於去交分，不足減時，則反減蝕差。若在交前減，則減餘為陽麻交後定分。若在交后減，則減餘為陽麻交前定分。这样場合，皆不起蝕象。

若月在陽曆，蝕差大於去交分，而不足减，亦反减蝕差。若在交前减，則减餘為陽曆交后定分。若在交后减，則减餘為陰曆交前定分。这樣場合，皆起蝕象。

凡去交定分，如小於陽曆蝕限2640，則為陽曆蝕。以陽曆定法176，除為蝕分；若大於陽曆蝕限，則以陽曆蝕限，减去交定分，減餘則為陰曆蝕。再以陰曆定法404，除之，以减15，减餘亦為蝕分。

根据此法，所得日蝕蝕分，明指陰曆皆既食在15分中佔1分，從而偏食應佔14分。是否合理，可以商榷。同时，術文中明显有脫漏之处。用何数值，来得食分，術文中無记述。高麗史中所載宣明曆有下列一段文字：

"置所蝕之大分，以十八乘之，以十五除，爲刻，不尽以刻法八十四乘之，以十五除之，為分，所得為汎用刻及分。"

顯然这是新唐书的脫文。

其從汎用刻率，以求出定用刻率，即日月蝕继续的时间，计算方程和大衍曆同。

凡月蝕去交分二千一百四十七已下，皆既。已上者，以減後準，餘如定法五百六約為蝕分。

凡月蝕既，汎用刻二十。如去交分千四百三十五已下，因增半刻；七百一十二已下，又增半刻。

月蝕的去交分，若在2147以下，則月食旨既。若在以上，以减後準9737.1744，其减餘用定法506約为蝕分。凡月蝕既，規定汎用刻为20；如去交分在1435以下，則增半刻；在712以下，則又增半刻。

凡日月帶蝕出没，各以定法通蝕分，半定用刻約之，以乘見刻，多於半定用刻，出為進，没為退；少於半定用刻，出為退，没為進。各如定法而一，為見蝕之大分，朔晝望夜，皆為見刻。其九服蝕差，則不復考详。

日月带蝕出没du法，為宣明麻所創，並為以後麻家所沿用。

各以定法通蝕分，即以定法，除蝕限，既得蝕分，則以定法乘蝕分，復得蝕限。

定用刻是虧初至復末所需時刻。

半定用刻是虧初或復末至食甚時刻。

見刻是⑴虧初在日出(没)前，或復末在日没(出)后；

(2) 食甚在日出(没)前，或在日没(出)后，为昼(夜)间的见蝕時刻。

括号内字，指月食，下同。

原術："以乘見刻"下脱："或半定用刻減見刻"句。

推術用比例法，即以：蝕限代定法通蝕分，乙代見蝕分相当的蝕限。即：

半定用刻：蝕限＝見刻：乙

(或 見刻－半定用刻：乙)

既得乙，以定法除之，得見蝕之大分。

如(1)，見刻大於半定用刻，則日出(没)时食分正進長，日没(出)时，食分正退減；

(2)，日出(没)时，食分正退減，日没(出)时，食分正進長。

五星終率曰周率，因平合加中伏得平見。金水加夕得晨，加晨得夕。又以變差乘年，滿象數去之，不盡為變交，三百約為分，統法而一，以減平見。

循術当云：不盡統法而一，為変交，三百約為分，以減平見。

三十之乘平見杪，十二乘變交杪，同以三千六百為母。

餘如交率已下，星在陽厤，已上去之，爲入陰厤。各以變策，除爲變數，命初變算外，不盡爲入其變度數及餘，自此百約餘，分母同剋法，以所入變下數，加減平見爲常見。

金星晨見，先計自夕見盡夕退，應加減先後差，同名相從，異名相銷，与晨常見加減差，異名相銷，同名相從，依加減晨平見爲常見。

宣明厤五星的推祘起点，始於平見段，故由大衍厤的平合，加入中伏，始得平見。

但金水二星，加晨平見，得夕平見，加夕平見，得晨平見。又將交差，以歲星爲例，

$$\frac{98\frac{32}{100}}{8400}\times\frac{\text{積年}}{\text{象數}}=\text{周天的若干倍}+\frac{\text{不尽数}}{8400}$$

令不尽数，統法而一，爲交交

$$\frac{\text{不尽数}}{8400}=\text{交交}$$

又因 $\text{平見日或度}=\text{整數}\frac{\text{餘}\frac{\text{秒}}{100}}{8400}=\text{整数}+\text{除出數}\frac{\text{秒}}{100}$

再以 100 通整数及除出数加秒，命爲平見秒。

又以300，约交交為分，則交交内，亦含有秒。化作秒后，命为交交秒。故由交交分，以减平見，即 $\frac{\text{平見秒}}{100}-\frac{\text{交交秒}}{300}=\frac{36\times\text{平見秒}-12\times\text{交交秒}}{3600}$

與注文：三十六乘平見秒一段所述符合。

上式右边的数值，表示所求年冬至后至合后的平見日或度，故该数值，如在交率以下，即小於由此交至彼交，這样星在陽厤；若在交率以上，星已行過交点，須棄去，從彼交点起祘，則星入陰厤。

乃由變策，除所求年冬至后至合后的平見日或度，命其除得数为交數，交数表中二十四項，十二項为陽，十二項为陰，和一歲日距二十四相对应，除以初交數为起祘点外，其除不尽数，即为其入交度数及餘，自此以100除餘，使分母和刻法同。乃以所入交下数，加减平見為常見。

但金星晨見，先計祘“自夕見尽夕退，应加减先后差，同名相加，異名相消，和晨見加减先后差，同名相加，異名相消，依其所得，以加减平見為常見。

参阅宣明厤“五星平見加減厤”第一表。

歲星交數二下記"百二十六"。即表示星行至陽厤交數二的時候，由平見減去差數126，金星交數二下記"百二十六及百三十九"，前者為陽夕交的加差，后者為陽晨交二的加差。其餘仿此。

凡常見計入定氣，求先後定數，各以差率乘之，差數而一，為定差。

晨見先減後加，夕見先加後減，常見為定見。以常見与定見加減數，加減平見入交度數及餘秒，為定見初交所入。

以所行度，順加退減之，即次變所入。

各以所入變下差數加減日度變率。

凡常見計入定氣后某日，求出其先后定數，用差率乘，而差數除，所得命為定差。

常見±(晨見先減后加，夕見先加后減)

定差=定見

如大衍厤求定合所入法，以常見及定見应加減數，同名相加，異名相減，以之加減平見入交度數及餘秒，得定見初交所入。

各以星行度及分，順加退減初交所入，得次交所入。各以所入交下差數加減日度交率。

其水星，常見与定見加減數，同名相從，

異名相銷，反其加減。夕見差加疾行日率者，倍其差加度率又分。其差以加遲留日率，晨見亦分其差以加遲留日率，以所差之數，加疾行日率，亦倍其差加疾行度率。夕見差減疾行日率者，倍其差減度率。又以其差減留日，不足減侵減遲日，晨見差減留日不足減者，侵減遲日，亦以其差減疾行日率，倍其差以減度率。

〔水星方面，常見与定見应加減数，同名相加，異名相減，当其加減平見入交，則和金星反其加減。如以所入差，加減日度交率举例，則夕見差加疾行日率時，应倍其差加度率及分。其差以加遲留日率，在晨見方面，亦分其差以加遲留日率，（分其差，即将夕見差和迟留相加，含有分出之義。）並以晨見差加疾行日率，亦倍其差加疾行度率。其以夕見差減疾行日率時，亦倍其差減度率，並以差減留日率，不足减則侵减迟日率。若晨見差減留日率而不足減，亦侵減迟日率，亦以其差減疾行日率，並倍其差減度率。〕

前變初日與後變末日，先後數同名相銷，異名相從，為先後定數。各以差率乘之，差數而一為日差。

金星用後變差率差數。

以先後定數減之為度差。

关於五星运行的一般論述：

前变初日与后变末日（例如平見為前变段，前順為后变段。），檢日躔表中相应的先后数，同名相减，異名相加，命之為先后定数。

将該定数，用差率乘，差数除之，以為日差。

〔金星則用后变的差率和差数。〕

由是得：度差＝日差－先后定数。

金星夕伏，以日差減先後定數為度差，晨伏以先後定數加日差為度差，水星夕伏，以先後定數為日差，倍之為度差。

〔金星夕伏時，度差＝先后定数－日差。

晨伏時，度差＝先后定数＋日差。

水星夕伏時，日差＝先后定数。

度差＝2×日差。〕

乃以日度差，積盈者以減積縮者，以加末變日度率。

金水晨伏，反用其差。

這些日度差，或累積而盈，或累積而縮，均以之盈減縮加末交日度率。

〔金水二星晨伏時，則反用其差。〕

又倍退行差差率乘之，差數而一，為日差。以退差減之為度差。

金星夕伏，以日差減退差為度差，晨伏以退差加日差為度差。

又以 $\frac{\text{差率}\times 2\text{退行差}}{\text{差數}}=\text{日差}$，度差＝日差－退行差；

〔金星夕伏時，則度差＝退行差－日差，晨伏時，則度差＝退行差＋日差。〕

以退行日度差，應加者減末變日度率，

晨伏反用其差。

各加減變訖，為日度定率。

乃以退行日度差，（如照前例則应加）減末交日度率，由以上複杂的加減訖，方得日度定率。

他亦皆準大衍曆法，其分秒不同，則各據本曆母法云。

起長慶二年，用宣明曆，自敬宗至于僖宗，皆遵用之。雖朝廷多故，不暇討論，然大衍曆法後制簡易，合望密近，無能出甚右者。訖景福元年。觀象厤今有司無傳者。

其它皆沿用大衍厤旧法。

五星平見加減厤第二表，与大衍厤五星変行表相当，但簡明優於大衍。

長慶宣明厤演紀上元甲子至長慶二年壬寅積七百七萬一百三十八算外。

甲子歲七曜起虛宿九度，距唐穆宗長慶二年，歲次壬寅，積7070138年，60除之，餘38年，是壬寅歲未計标在内。

宣明統法八千四百

章歲三百六萬八千五十五

章月二十四萬八千五十七

通餘四萬四千五十五

章閏九萬一千三百七十一

閏限二十四萬四百四十三杪六

中節十五餘千八百三十五杪五

合策二十九餘四千四百五十七

象準七餘三千二百一十四少中盈分三千六百七十一杪二

朔虛分三千九百四十三

旬周五十萬四千

紀法六十

杪法八

候數五，餘六百一十一，秒七。
卦位六，餘七百三十四，秒二。
辰數十二，餘千四百六十八，秒四。
刻法八十四。

宣明歷步中朔術及發斂所用各法數，大部沿用大衍歷舊術。

$$\frac{3068055\text{章歲}}{8400\text{統法}}=365^{\text{日}}\frac{2055}{8400}=360\frac{44055}{8400}$$

即大衍歷的策實。若以：

章月 $248057\times12+$ 章閏 $91371=3068055$

此為章月，亦即策實；而原來所謂"章月"，實際是"章歲"。從而：

小周＝章歲＋章月＝3316112

$$\text{月的日平行度}=\frac{\text{小周}}{\text{章歲}}=13^{\circ}\frac{91371}{248057}$$

通餘、章閏，釋見已前。

閏限、中節即大衍歷的掛限、三元之策。命法相同。

以通法除章歲 248057，得合策 $29^{\text{日}}\frac{4457}{8400}$

象準即大衍歷的一象之策。

中盈分、朔虛分大衍歷內有討論命法。

以通法通紀法60，得504000，命為旬周．取中節24三分之一8，為秒法。

候数、掛住即大衍厤的天中之策、地中之策。

由貞悔之策，3日$\frac{367\frac{1}{8}}{8400}$，以減中節，得

12$\frac{1468\frac{4}{8}}{8400}$，命為長数，以100刻，除通数8400，得84，命為刻法。

步中朔及发斂術，宣明、大衍兩術一致。

土王用事，在冬至后27日餘，冬至為仲月中气，在季月小寒后12日有奇。術文因言：以加季月之節。与大衍術說法异，但涵义同。又：以小餘滿長法為長数，滿刻法為刻。為交更計标法的来源。

象數九億二千四十四萬之千一百九十九

周天三百六十五度

虛分二千一百五十三，秒二百九十九。

歲差二萬九千六百九十九。

分統二百五十二萬。

秒母三百。

象数　周天　虛分　歲差　分统　秒母

六个法数為宣明厤步日躔的要素。

以秒母300×通数8400=分统 2520000

以象数 920446199÷2520000=365° $2153\frac{299}{300}$/8400

这繁分数的整度数365°，称为周天。

上元起於虚宿九度，分子2153，秒299，称為虚分。

以秒母乘歲实，得920416500，以减象数，得29699為歲差。

氣節	盈縮分	先後數	損益率	朓朒數
冬至	盈六十	先初	益四百四十九	朒初
小寒	盈五十	先六十	益三百七十四	朒四百四十九
大寒	盈四十	先百一十	益二百九十九	朒八百二十三
立春	盈三十	先百五十	益二百二十四	朒千一百二十二
雨水	盈十八	先百八十	益百三十五	朒千三百四十六
驚蟄	盈六	先百九十八	益四十五	朒千四百八十一
春分	縮六	先二百四	損四十五	朒千五百二十六
清明	縮十八	先百九十八	損百三十五	朒千四百八十一
穀雨	縮三十	先百八十	損二百二十四	朒千三百四十六
立夏	縮四十	先百五十	損二百九十九	朒千一百二十二
小滿	縮五十	先百一十	損三百七十四	朒八百二十三
芒種	縮六十	先六十	損四百四十九	朒四百四十九
夏至	縮六十	後初	益四百四十九	朓初
小暑	縮五十	後六十	益三百七十四	朓四百四十九

大暑 縮四十 後百一十 益二百九十九 朒八百二十三
立秋 縮三十 後百五十 益二百二十四 朒千一百二十二
處暑 縮十八 後百八十 益百三十五 朒千三百四十六
白露 縮六 後百九十八 益四十五 朒千四百八十一
秋分 盈六 後二百四 損四十五 朒千五百二十六
寒露 盈十八 後百九十八 損百三十五 朒千四百八十一
霜降 盈三十 後百八十 損二百二十四 朒千三百四十六
立冬 盈四十 後百五十 損二百九十九 朒千一百二十二
小雪 盈五十 後百一十 損三百七十四 朒八百二十三
大雪 盈六十 後六十 損四百四十九 朒四百四十九

二十四定氣，皆百乘其氣盈縮分，盈減縮加中節，爲定氣所有日及餘秒。

宣明麻日躔盈缩表，与大衍麻日躔表同。唐唐志所谓推論日躔月離，皆因大衍旧術。

求每日盈缩分 求定气 求每定气初日度之轉日日麻

先说第一項

命 刻法 $100=K$

盈缩分 $=\Delta$

定氣 $=w$

則 本氣中率 $=\frac{K\Delta_1}{w_1}$

后氣中率 $=\frac{K\Delta_2}{w_2}$

$$合差 = K\left(\frac{\Delta_1}{w_1} - \frac{\Delta_2}{w_2}\right)$$

$$中差 = \frac{Kw_1}{w_1+w_2}\left(\frac{\Delta_1}{w_1} - \frac{\Delta_2}{w_2}\right)$$

$$初末率 = \frac{K\Delta_1}{w_1} \pm \frac{Kw_1}{w_1+w_2}\left(\frac{\Delta_1}{w_1} - \frac{\Delta_2}{w_2}\right)$$

$$日差 = \frac{2K^2}{w_1+w_2}\left(\frac{\Delta_1}{w_1} - \frac{\Delta_2}{w_2}\right)$$

$$定率 = \frac{K\Delta_1}{w_1} \pm \frac{Kw_1}{w_1+w_2}\left(\frac{\Delta_1}{w_1} - \frac{\Delta_2}{w_2}\right) \pm \frac{K^2}{w_1+w_2}\left(\frac{\Delta_1}{w_1} - \frac{\Delta_2}{w_2}\right)$$

以日差累加减定率，即得每日盈缩分。

若循皇极、大衍二術，以 $0<S<K$ 条件下的自变数 S，以代 K，则上式和 Gans 二次差内插法一致。

日躔表中各气下先后数，各以100乘，先减后加各中节，即為各定气。

又置歲差，以限数乘之。（即大衍厤推黄赤道差数時的限数）以1440除，其所得為秒分，加中節，循大衍厤術，所得冬至黄道日度，累而裁之，得每定气初日度，入月離遅疾表的日厤。

六虚之差五十三，秒二百九十九。

厤周二十三萬一千四百五十八，秒十九。

曆周日二十七，餘四千六百五十八，秒十九。
曆中日十三，餘六千五百二十九，秒九半。
周差日一，餘八千一百九十八，秒八十一。
秒母一百。

六虛之差，解釋已見大衍曆注釋。

$$\frac{\text{曆周}\ 231458\frac{19}{100}}{8400}=27^{\text{日}}\frac{4658.19}{8400}$$

称为曆周日，亦即月行迟疾一周的日数．折半，得 $13^{\text{日}}\frac{6529.095}{8400}$，

以 朔望月日数－曆周日数 $=1^{\text{日}}\frac{8198.81}{8400}$

称为周差日，秒母为100。

七日初數七千四百六十五，末數九百三十五。
十四日初數六千五百二十九，末數千八百七十一。
上弦九十一度，餘二千六百三十八，秒百四十九太。
望百八十二度，餘五千二百七十六，秒二百九十九半。
下弦二百七十三度，餘七千九百一十五，秒百四十九半。
秒母三百。（以刻法約曆分為度，積之為積度。）

七日初末數　十四日初末數　上弦　望　下弦　秒母　諸項計算均見大衍曆月離篇。大衍曆初末數尚有21日，28日兩日數。宣明曆迟疾表分為兩个十四日，故只有兩日初末數。

上弦估周天四分之一，倍之得望，三倍之得下弦。杪母三百，根据象数而来。

暦日	暦分	進退衰	積度	損益率	朓朒積
一日	1012	進14	初度	益830	朓初
二日	1026	進16	12度4分	益726	朒830
三日	1042	進18	24度22分	益606	朒1556
四日	1060	進18	36度56分	益471	朒2162
五日	1078	進18	49度24分	益337	朒2633
六日	1096	進19	62度10分	益202	朒2970
七日	1115	進19	75度14分	初益53 末損7	朒3172
八日	1134	進19	88度37分	損82	朒3218
九日	1153	進19	101度79分	損224	朒3136
十日	1172	進19	115度56分	損366	朒2912
十一日	1190	進18	129度52分	損509	朒2546
十二日	1209	進14	143度67分	損643	朒2037
十三日	1223	進11	158度16分	損748	朒1394
十四日	1234	進空 退	172度63分	初損646	朒646
一日	1234	退14	187度37分	益830	朓初
二日	1220	退17	202度11分	益726	朓830
三日	1203	退18	216度55分	益598	朓1556
四日	1185	退18	230度82分	益464	朓2154

五日	1167退18	245度7分	益329	朓2618
六日	1149退18	258度82分	益195	朓2947
七日	1131退19	272度55分	初益52 末損7	朓3141
八日	1112退19	286度10分	損82	朓3188
九日	1093退19	299度30分	損225	朓3106
十日	1074退18	312度31分	損366	朓2881
十一日	1056退17	325度13分	損501	朓2515
十二日	1039退15	337度61分	損628	朓2014
十三日	1024退12	350度8分	損740	朓1386
十四日	1012進空退	362度24分	初損646	朓646

宣明厤的月離遲疾表：厤日、厤分兩項和大衍厤的轉日、轉分相當。

月的日平行度為13°36835，以刻法83，通之，得1123，以之与刻法為分母的各日下厤分相比較，例如：一日下厤分1012，則月平行多出111，從而損益率，即為：

$$\frac{111}{1123}=\frac{x}{8400}$$

$$x=\frac{8400\times 111}{1123}=830$$

即一日下的益率。故知損益率計術，和大衍厤同。

宣明厤月離表不載："各置朔弦望所

入麻損益率……"術文，如大衍麻求定数然，因宣明麻之計标，襲用大衍麻術，故新唐志记載特省略之。

求正交入定气　求晨分及昏分　求晨昏月度　求麻定分　求每日晨昏月度

諸項釋已見前。

中統四千二百

辰刻八刻分二十八

昏明刻各二刻分四十二

刻法八十四　度母同刻法

距極度五十六，餘八十二分半。

北極出地三十四度，餘四十七分半。

釋已見前。

定氣	屈伸數	黄道去極度	陽城日晷	夜半定漏	距中星度
冬至	屈65	115度17分	丈2尺7寸32分	27刻40分	82度22分
小寒	屈225	114度36分	丈2尺3寸9分11	27刻29分	82度64分
大寒	屈365	112度25分	丈一尺3寸8分30	26刻74分	84度40分
立春	屈485	108度55分	9尺9寸4分78	26刻10分	87度21分
雨水	屈585	103度67分	8尺3寸7分81	25刻9分	90度79分
驚蟄	屈665	97度80分	6尺8寸8分74	23刻74分	95度33分
春分	屈665	91度25分	5尺4寸4分71	22刻42分	100度38分
清明	屈585	84度55分	4尺1寸9分59	22刻10分	105度43分

穀雨屈485	78度67分	3尺2寸6 19	19刻75分	109度81分
立夏屈365	73度80分	2尺4寸4分51	18刻74分	113度53分
小滿屈225	70度25分	尺8寸9分89	18刻10分	116度36分
芒種屈65	68度4分	尺5寸7分14	17刻55分	118度12分
夏至伸65	67度34分	尺4寸7分80	17刻44分	118度54分
小暑伸225	68度4分	尺5寸7分14	17刻55分	118度12分
大暑伸365	70度25分	尺8寸9分89	18刻10分	116度36分
立秋伸485	73度80分	2尺4寸4分50	18刻74分	113度55分
處暑伸585	78度67分	3尺2寸6 19	19刻75分	109度81分
白露伸665	84度55分	4尺1寸9分59	21刻10分	105度43分
秋分伸665	91度25分	5尺4寸5分70	22刻42分	100度38分
寒露伸585	77度80分	6尺8寸八分74	23刻74分	95度33分
霜降伸485	103度67分	8尺3寸7分81	25刻9分	90度79分
立冬伸365	108度55分	9尺9寸4分78	26刻10分	87度21分
小雪伸225	112度25分	丈1尺3寸8分30	26刻74分	84度40分
大雪伸65	114度46分	丈2尺3寸9分11	27刻29分	82度64分

步晷漏術表，如以屈伸數代大衍曆中的陟降率及消息衰，則兩表各項目完全一致。

求每日夜半定漏　求昏明小餘　求每日黃道去極度分　求每日距中度數

所謂："以屈伸準盈縮分求每日所入"，依大衍曆步軌漏術篇中，求每日消息定衰，轉求夜半定漏，即应先令 $漏差=\frac{5\times定衰}{24}$，然后，屈加伸减气初夜半漏，得每日夜半定漏。将每日夜半定漏，用刻法84通為分，即得每日昏明小餘。

又令 $\frac{21\times屈伸定數}{25}=黄道屈伸差$

以之屈减伸加气初去極度分，得每日去極度分。

又令 $\frac{12386\times黄道屈伸差}{16277}=每日度差$

以之屈减伸加气初距中度，得每日距中度。

每日陽城日晷，宣明曆沿用大衍曆求術，故新唐志只言：晷漏则稍增損之一語。

宣明曆的屈伸準消息，对於中晷，称为定數；对於漏刻，称为漏差；对於去極，称为屈伸差；对於距中，称为度差。

終率二十二萬八千五百八十二，秒六千五百一十二。

終日二十七，餘千七百八十二，秒六千五百一十二。

中日十三，餘五千九十一，秒三千二百五十六。

交朔日二，餘二千六百七十四，秒三千四百八十八。

交望日十四，餘六千四百二十八，秒五千。

前準日十二，餘三千七百五十四，秒千五百一十二。
後準日一，餘千三百三十七，秒千七百四十四。
陰曆蝕限六千六十。
陽曆蝕限二千六百四十。
陰曆定法四百四。
陽曆定法百七十六。
交率二百二。
交數二千五百七十三。
秒法一萬。
去交度乘數十一，除數七千三百三。

這些法數是宣明曆步交会術的要素。

终率、终日、交朔日、交望日、前準日、后準日順次和大衍曆的终數、交终、朔差日、望數日、交限日、望差日相当。

$$以\ \frac{终率\ 228582\frac{6512}{10000}}{統法\ 8400}=27^{日}\frac{1782.6512}{8400}$$

即一个月的交点月的日數。

折取一半，得　中日 $13^{日}\frac{5091.3256}{8400}$，以交点月日數減朔望月日數，得交朔日　$2^{日}\frac{2674.3488}{8400}$

又折半朔望月日數，

得交望日 $14^{日}\frac{6468.5}{8400}$，更以交朔日，减交望日，得 $12^{日}\frac{3754.1512}{8400}$，即前准日；又以2除交朔日，得后准日 $1^{日}\frac{1337.1744}{8400}$。

其餘各數，含义与大衍曆同。

時差 蝕定餘 气差 气差定數 刻差 刻差定數 蝕差 去交定分 陽曆交後定分及交前定分 陰曆交后定分及交前定分 蝕分 汎用刻 定用刻 日月带蝕出没

釋已見前。

歲星周率三百三十五萬五百四十，秒八十三。

周策二百九十八，餘七千三百四十，秒八十三。

中伏日十六，餘七千八百七十，秒四十一半。

變差九十八，秒三十二。

交率百八十二，餘五十二，秒二十七。

變策十五，餘十八，秒三十五。

差率五。

差數四。

熒惑周率六百五十五萬一千三百九十五，秒二十六。

周策七百七十九，餘七千七百九十五，秒二十六。

中伏日七十，餘八千九十七，秒六十二。
變差三千五，秒一。
交率百八十二，餘五十二，秒三十二。
變策十五，餘十八，秒三十六。
差率二十九。
差數十。
鎮星周率三百一十七萬五千八百七十九，秒七十九。
周策三百七十八，餘六百七十九，秒七十九。
中伏日十八，餘四千五百三十九，秒八十九半。
變差二百七十七，秒九十二。
交率百八十二，餘五十二，秒二十七。
變策十五，餘十八，秒三十五。
差率十。
差數九。
太白周率四百九十萬四千八百四十五，秒八十五。
周策五百八十三，餘七千六百四十五，秒八十五。
夕見伏日二百五十六。
夕見伏行二百四十四度。
晨見伏日三百二十七，餘七千六百四十五，秒八十五。
晨見伏行三百四十九，餘七千六百四十五，秒八十五。
中伏日四十一，餘八千二十二，秒九十二半。
變差千二百三十六，秒十二。

交率百八十二，餘五十二，秒二十九。
變策十五，餘十八，秒三十五。
夕見差率三十一。
差數十。
晨見差率二。
差數三。
辰星周率九十七萬三千三百九十，秒二十五。
周策百一十五，餘七千三百九十，秒二十五。
夕見伏日五十二。
夕見伏行十八度。
晨見伏日六十三，餘七千三百九十，秒二十五。
晨見伏行九十七度，餘七千三百九十，秒二十五。
中伏日十八，餘七千八百九十五，秒十二半。
變差三千二百一，餘十，秒六十七。
交率百八十二，餘五十二，秒三十二。
變策十五，餘十八，秒三十六。
差率差數空，秒法百。
小分法三千六百。
五星平見加減曆

唐書卷三十上曆志五星平見加減曆未録，一九七二年二月廿二日記。

崇元麻

昭宗時宣明麻施行已久，數亦漸差，詔太子少詹事邊岡，與司天少監胡秀林，均州司馬王墀，改治新麻，然術一出於岡。

岡用算巧能，馳騁反覆于乘除间，由是简捷超徑等接之術興，而經制遠大衰序之法廢矣。雖籌策便易，然皆冥於本原。

疇人傳論曰：相减相乘，与入限自乘，其加减皆如平方。後世造術，如求黄道，晷漏消息，及日食東西南北差數，皆以此法入之。即授時平、立、定三差，亦由是加精。然則岡之為術，善矣。刘羲叟乃詆為超徑等接，冥于本原，是豈真知推步者哉。

岡作徑術，求黄道月度。皆以二因自乘入算，猶今之平方法。

李鋭云：後造術求黄道宿度晷漏消息，及日食東西差南北差，皆以此法入之，即授時平立定三差，亦由是加精。

又用先相减，後相乘，以求各數，運算简捷，猶今之招弧法，復因五星差行，衰殺不倫，乃各立歲差，皆以諸變類会消息署之。甚數密近。刘羲叟云：雖籌策便易，然皆冥於本原。

叟亦未知麻算之本也。

歐陽修以羲叟麻法宋代第一，修撰唐五代两史，令叟主天文麻法诸志，当時孫思恭司馬光皆推崇之，大約因其所撰长麻，实有功于史学也。

其上元七曜，起赤道虚四度。

景福元年，麻成，賜名崇玄。

氣朔發斂，盈縮朓朒，定朔弦望，九道月度，交会，入蝕限，去交前後，皆大衍之舊，餘雖不同，亦殊塗而至者。

大略謂策實曰歲實，揲法曰朔實，三元之策曰氣策，四象之策曰平会，一象之策曰弦策，掛限曰闰限，爻數曰紀法，策餘曰歲餘，天中之策曰候策，地中之策曰卦策，貞悔之策曰土王策，辰法半辰法也。乾实曰周天分。

大衍、崇玄两麻步中朔及发斂名詞名異实同表

大衍麻	崇玄麻	大衍麻	崇玄麻
策实	歲实	四象之策	平会
揲法	朔实	一象之策	弦策
三元之策	氣策	掛限	闰限

大衍曆	崇玄曆	大衍曆	崇玄曆
爻數	紀法	地中之策	卦策
策餘	歲餘	貞悔之策	土王策
天中之策	候策	長法	半長法

其餘大衍曆崇玄曆全同。

盈縮朓朒皆用常氣。盈縮分曰升降，先後曰盈縮。

大衍曆	崇玄曆
盈縮分	升降
先後	盈縮

凡升降損益，皆進一等，倍象統乘之，除法而一，爲平行率，與後率相減爲差，半之以加減平行率爲初末率，倍差進一等，以象統乘之，除法而一爲日差，以加減初末爲定，以日差累加減爲每日分。

凡小餘皆萬乘之，通法除爲約餘，則以萬爲法。又以百約之爲大分，則以百爲法。

二十四氣的各中積　氣節的升降差　盈縮分損益數　朓朒積

中節以冬至爲起訴点。大衍、崇玄兩曆日躔表大部分相同，惟崇玄曆易盈缩分為升降，先後為盈缩，和盈缩朓朒皆用常气三者稍異而已。

崇玄麻對於升降損益，皆進一等。所謂"进一等"，崇玄麻規定小餘皆以通法，除為約餘。改用 10000 為分母，等於十進位法。以秒母100，收為大分，其间相差一等。

升降或損益進一等後，命為 $10\times\Delta$

$$平行率=\frac{2\times 象统}{除法}=\frac{48}{7305}=\frac{480}{7305}\times\Delta=\frac{1}{15.218}\times\Delta$$

分母等於气策的日數，命為 K。麟德麻日躔表用 15 除气率，為末率及总差，崇玄麻則較為精密。

$$初末率=K\Delta_1\pm\frac{K}{2}(\Delta_1-\Delta_2)$$

$$日差=K^2(\Delta_1-\Delta_2)$$

$$定=K\Delta_1\pm\frac{K}{2}(\Delta_1-\Delta_2)\mp K^2(\Delta_1-\Delta_2)$$

乃以日差累加减定，為每日盈缩分。

例如：求某氣後第 n ($n<15$) 日盈缩分，則以 $nK^2(\Delta_1-\Delta_2)$ 以加减定，即得所求。

皇極麻日躔術，在 $0<S<K$ 条件下，以 S 代 K，并以 S 為变数，得其日任意时刻

的盈缩分。又令：

$$K\Delta_1 \pm \frac{K}{2}(\Delta_1-\Delta_2) \mp K^2(\Delta_1-\Delta_2)$$

$$=K\left\{\Delta_1 \pm \frac{1}{2}(\Delta_1-\Delta_2) \mp K(\Delta_1-\Delta_2)\right\}$$

這是一種相減相乘法。

$K^2=(2K-K)K$ 也可視為特種的相減相乘法。

凡冬至赤道日度及約餘，以減其宿全度，乃累加次宿，皆為距後積度。滿限九十一度三十一分三十七小分去之，餘半已下為初，已上以減限為末，皆百四十四乘之，退一等以減千三百一十五，所得以乘初末度分為差，又通初末度分，與四千五百六十六，先相減，後相乘，千之百九十除之，以減差為定差，再退為分，至後以減，分後以加，距後積度為黃道積度，宿次相減，即其度也。以冬至赤道日度及約餘，依前求定差以減之為黃道日度。

求距后積　求定差　求黄道日度

三者崇玄曆變赤道日度為黄道日度，乃由邊岡簡化大衍曆黄赤換算法所得。

所谓："冬至赤道日度及约餘，以之减其宿全度。"即由：岁实×积年一周天分的若干倍，将其减餘，用统法除为十进法的度分。

例如：崇玄历上元起虚四度，则冬至赤道宿度及约餘，应從虚宿四度，以减宿全度。其减餘度数，称为距后积度。

太阳运行可在任何中節，故累加次宿，皆为距后积度。

所谓："限九十一度三十一分三十七小分"，即大衍历黄赤换标顺逆两限中所佔的度数。

若赤道日度，大于该限，则棄之。棄餘在半限以下为初，以上减限为末。今以公式示之：

命 α = 初末度分

则 差 $= \left(1315 - \frac{144}{10}\alpha\right)\alpha$，

定差 $= \left(1315 - \frac{144}{10}\alpha\right)\alpha - \frac{\alpha}{1690}(4566-\alpha)$

定差以10000为分母。

这就是边冈有名的黄赤换标的相减相乘方法。

大衍历黄赤换标公式为：

$$l-\alpha = \frac{2}{5}\left\{\frac{12}{24} + \frac{\frac{\alpha}{5}-1\left(\frac{1}{24}\right)}{2}\right\} = \frac{\alpha(125-\alpha)}{1200}$$

大衍厤用1200除，一种相减相乘式，故邊岡崇玄厤的简化法，乃脱胎於大衍厤。

今就等差级数论之，乃由两个乘数所组成之。

今命黄道为l，

则 定差$=l-\alpha$，從而

$$l-\alpha=\frac{1}{10000}\left\{\left(1315-\frac{144}{10}\alpha\right)\alpha-\frac{\alpha}{1690}(4566-\alpha)\right\} \quad (A)$$

設崇玄厤的黄赤换算，沿用大衍厤的分限法，并命上式右边第一项

$$\frac{1315}{10000}\alpha-\frac{144}{10000\times 10}\alpha^2=\frac{\alpha}{5}$$

$$a_1+\frac{\frac{\alpha}{5}-1}{2}d, \cdots\cdots\cdots\cdots (1)$$

第二项

$$\frac{\frac{4566}{1690}\alpha}{10000}-\frac{\frac{\alpha^2}{1690}}{10000}\equiv\frac{\alpha}{5}$$

$$a_2+\frac{\frac{\alpha}{5}-1}{2}d_2\cdots\cdots\cdots\cdots(2)$$

由(1)準恒等式条件，将α^2及α的係数，

两边各相等,得

$$a_1=\frac{12.41}{20}$$

$$d_1=-\frac{1.44}{20}$$

同理求得

$$a_2=\frac{\frac{22805}{1690}}{10000}$$

$$d_2=\frac{\frac{-50}{1690}}{10000}$$

由是(A)式的等差级数形式为

$$l-\alpha=\frac{\alpha}{5}\left\{(a_1-a_2)+\frac{\frac{\alpha}{5}-1}{2}(d_1-d_2)\right\}\cdots\cdots(B)$$

(A)式右边内

$$1315\doteq\frac{144}{10}\times 91.3137$$

$$4566\doteq\frac{91.3137}{2}\times 100$$

代入(A)式,得

$$l-\alpha=\frac{1}{10000}\left\{\frac{144}{10}(91.3137-\alpha)\alpha-\frac{1}{1690}\left(\frac{91.3137}{2}\times 100-\alpha\right)\alpha\right\}$$

根据数学定理，两数之和若为一定，则两数相乘積，以两数相等时为最大。上式右边第一次中，取

$$\alpha=\frac{91.3137}{2},$$

则 $l-\alpha=2°.989$ 為定差的最大值。

既得定差，再退為分，以之在二至后減在二分后，加距后积度，即為黄道積度。亦即宿次相減所得的度数。

若求黄道日度，則依前法，於冬至赤道宿度及约餘内，減去定差，即得所求。

凡歲差十一乘之，又以所求氣數乘之，三千八百八十八而一，以加前氣中積，又以盈縮分盈加縮減之。命以冬至宿度，即其氣初加時宿度，其定朔小餘如日法四十分之二十九已上，以定朔小餘減日法，餘如晨初餘數已下，進一日。

求各氣加时宿度，和歲差有关。

崇玄麻規定，以冬至宿度為起标点。每經一氣，应加 $\frac{11}{3888}\times$歲差，對於任何氣的计标，所谓："以所求气数乘之"，将其乘得数，以加自冬至起，以气策及约餘，累

加所得的中積。所谓："前气中積"，又将其加得数，以盈缩分盈加缩减之，而得所求。以式表之。

$$各气初加时宿度=\frac{11\times 歲差\times 所求气数}{3588}$$

+前气中積±盈缩分

定朔日的进退：若定朔小餘，大於日法的 $\frac{29}{40}$，亦即大於通法的 $\frac{29}{40}$，如满足日法-定朔<晨初餘数的条件，則其定朔加时，在夜半子正以后，規定进一日。

闵又作徑術，求黄道月度。

以蔀率去積年為蔀周，不盡為蔀餘，以歲餘乘蔀餘副之，二因蔀周，三十七除之，以減副，百一十九約蔀餘，以加副，満周天去之，餘四因之，為分，度母而一，為度，即冬至加時平行月。

徑古通逕。徑術就是捷法。

邊岡作徑術，他的徑術麻卅，未傳於後。但我们研究崇玄厤，能明"蔀率""歲餘"的真正涵義，就不難推知其梗概。

四分厤以十九年为一章，四章76年为一蔀。崇玄厤的蔀率设数，为9036，以

$$\frac{9036}{4}=2259\doteq 19\times 119$$

则所设数為一蔀的119倍。除得数是一章的119倍。這就是蔀率的由来。

四分厤日行一周天，月行13周天，又$\frac{7}{19}$，亦即月的日平均行度為$13^{\circ}\frac{7}{19}$；所以

$$月在一年内所行度数=365^{日}.25\times 13^{\circ}\frac{7}{19}$$

$$=4748^{\circ}.25+\frac{2556.75}{19}$$

上式右边第一项为月行13周天的度数，第二项为周天棄去後月行度数。以

$$\frac{月行度数}{4}=歲餘\frac{639}{19}$$

更由$\frac{周天分1735}{19}\times 4=周天365^{\circ}\frac{5}{19}$

19规定称为度母，平行積度日累$13^{\circ}7'$

以下参見蔀率、歲餘、周天分諸条下。

由徑術求冬至加時平行月。

将蔀率 $9036+8=9044=76\times119=7\times1292$

蔀率以度母19為分母。該數以19除之，即得 $\frac{7}{19}\times1292$，乘后分子即为消去周天后1292年的月行分，亦即17蔀的月行分。從而9044為該当年數的7倍，所以

$$\frac{\text{積年}}{9044}=\text{蔀周}+\text{蔀餘}$$ 棄去蔀周，而用

$$\frac{\text{歲餘}\times\text{蔀餘}}{\text{周天}}=\text{整數}+\text{餘分}$$

餘分等於消去周天後的月行分四分之一。

故 $$\frac{4\times\text{餘分}}{\text{度母}}=\text{冬至加時平行月}。$$

由径術，以求黄道月度，边岡所设蔀率9036，由此數所得蔀周，比前計出數為大，而其蔀餘，比計出數為小。因此对于蔀周、蔀餘，有所校正。

設命　蔀餘×歲餘＝副置數

所謂："二因蔀周，三十七除之，以减副，百一十九約蔀餘以加副。"說明如次：

由入元后，至所求年冬至平行月設想，在19年7閏，及周天和歲周均為365.25條件下，則求所求年冬至平行月的公式，应

为 $365\frac{1}{4}^{\circ}\times13\frac{7}{19}\times$積年$-365\frac{1}{4}^{\circ}$的若干倍

$=$小於一周天的平行月度数

左边 $13\times365\frac{1}{4}^{\circ}$ 为周天度的整倍数，应即棄去。由是得：

$$\text{冬至平行月度数}=\frac{7}{19}\times365\frac{1}{4}^{\circ}\times\text{積年}-365\frac{1}{4}^{\circ}\text{的整倍数}$$

惟因式中的積年，对於入元以来任何所求年都能运用。故特设一特别数 9036，以为蔀率，由是

$$\text{積年}=9036\times\text{蔀周}+\text{蔀餘}$$

從而

$$\frac{7}{19}\times365\frac{1}{4}^{\circ}\times\text{積年}=\frac{7}{19}\times365\frac{1}{4}^{\circ}\times(9036\times\text{蔀周}+\text{蔀餘})$$

此外

$$7\times365.25\times\text{蔀餘}=2556.75\text{蔀餘}$$

及

$$\left(4\times639+\frac{4\times19}{100}\right)\times\text{蔀餘}=2556.76\text{蔀餘},$$

故 $$\frac{7}{19}\times365.25\times\text{蔀餘}\doteq\frac{4}{19}\times\left(639\text{蔀餘}+\frac{19}{100}\times\text{蔀餘}\right)$$

$$\frac{7}{19}\times365.25\times9036\times\text{蔀周}=\frac{1}{19}\times365.25(63253-1)\text{蔀周}$$

$$\doteq365.25\times3332\text{蔀周}-\frac{1}{19}\times365.25\times\text{蔀周}$$

上式右边第一项为周天的整倍数，应即棄去。故：

$$\frac{7}{19}\times 365.25\times 9036\times \text{蔀周}-365.25\times 333\times \text{蔀周}$$
$$=\frac{365.25}{19}\approx\frac{37\times 10}{19}$$

從這一系列的计标，得：

$$\frac{4}{19}\left(639\times\text{蔀餘}+\frac{19}{100}\times\text{蔀餘}-\frac{37\times 10}{4}\times\text{蔀周}\right)$$

（滿周天去之）＝冬至平行月度数

观此式術文应为："四除蔀周，進一位，三十七乘之，以减副。百約一十九乘之蔀餘，以加副。滿周天去之，餘四因之，為分，度母而一，為度，即冬至加時平行月。"即为用徑術所求的方法。

又以冬至約餘距午前後分，二百五十四乘之，萬約為分，度母為度，午前以加，午後以減，加時月為午中月。自此計日平行十三度十九分度之七。自冬至距定朔，累以平行減之，為定朔午中月。

求冬至午中月：

冬至加時月 ± （午前加，午后减）

$$\text{距午前后分}\times\frac{\frac{254}{19}}{10\,000}=\text{冬至午中月}$$

求定朔午中月：

自冬至距定朔日数，按日减去月的日平行 $13^{日}\frac{7}{19}$，得定朔午中月。

求次朔及弦望，各計日以平行加之，其分以度母除爲約分。

求次朔及弦望：

各計日累加以月的日平行，其分則以度母19，除爲約分，即各得次朔弦望午中月。

又四十七除蔀餘爲率差，不盡，以乘七日三分半，副之，九因率差，退一等爲分，以減副。

求冬至午中入轉：

由積年減去蔀率若干倍，得蔀餘，由

$$\frac{蔀率}{19}=475\frac{11}{19}$$

將此數退一位，取其整數47，以除蔀餘，式爲

$$\frac{蔀餘}{47}=率差+不盡數$$

其一切補正數，可以率差括之。不盡數表示年數。

由前所述，

一歲365日25＝13個遲疾曆周＋7日.035

這七日三分半，就是經過一年后的入轉。故以：不盡數×7日.035，加入，並滿轉周去之，可以求得午中入轉，惟以求冬至加時月時，应加率差的補正數。

所谓："不尽以乘七日三分半，副之。九因率差，退一等为分，以减副。"说明如次：

入元以来，至所求年冬至加时，应当

365.25×積年－轉周27.555的若干倍

=小於轉周的日數

=冬至加时入轉

或 7.035×積年－27.555的整倍數

=加时入轉

但因 積年=9036×蔀周+蔀餘

故 7.035×積年=7.035×蔀餘+7.035×9036×蔀周

但 7.035×9036≒2307×27.555=轉周的整倍數

故 7.035×積年－轉周整倍數×蔀周

=7.035×蔀餘

此式左边第二项，应即弃去，由

入轉=7.035×蔀餘（满轉周去之）

又因 蔀餘=47率差+不尽數

故 7.035×蔀餘=7.035×（47率差+不尽數）

又因 7.035×47=12×27.5545－0.009

故 7.035×蔀餘－轉周的整倍數×率差

=7.035×不尽數－0.009×率差

左边第二项弃之，得：

冬至加时入轉=7.035×不尽數－0.009×率差

（满轉周去之）

又百約冬至加時距午分，午前加之，午後減之，滿轉周去之，即冬至午中入轉，以冬至距朔日減之，即定朔午中入轉。

所謂：冬至加时距午分，

加时在午前，由半晝分－冬至小餘＝距午分

在午后，由冬至小餘－半晝分＝距午分。

半晝分＝日法13500的二分之一

冬至加时入轉±（午前加，午後減）

$\frac{\text{冬至加时距午分}}{100}$（满轉周去之）＝冬至午中入轉

冬至午中入轉－冬至距朔日數＝定朔午中入轉

由定朔午中入轉，累加一日，即得弦望及次朔午中入轉。

求冬至加时平行月，及冬至午中入轉两者皆用径術計标。但這径術，未為以後厤家所重視，只沿用其相减相乘法而已。新唐志评其：冥於本原，实指此径術而言。畴人传称：其相减相乘法，源于垛差及數总和，法殊完善，但未及径術。实不明刘羲叟行文原意，為可憾也。

求次朔及弦望，計日加之，各以所入日下損益率乘轉餘，百而一，以損益盈縮積為定差，以盈加縮減，午中月爲定月。

求午中定月：

100∶轉餘＝所入日下損益率∶相當十餘x

$$x=\frac{\text{轉餘}\times\text{所入日下損益率}}{100}$$

盈縮分積 ± x＝定差

午中月±(盈加縮減)定差＝午中定月

以月行定分乘其日晨昏距午分，萬約爲分，滿百爲度，以減午中定月爲晨月，加之爲昏月。

求晨昏月：

設

$$\frac{\frac{\text{月行定分}\times\text{其日晨昏距午分}}{10000}}{100}=K$$

午中定月－K＝晨月

午中定月＋K＝昏月

以朔昏月減上弦昏月，以上弦昏月減望昏月，以望晨月減下弦晨月，以下弦晨月減後朔晨月，各爲定程。

求晨昏定程：

上弦昏月－朔昏月＝朔与上弦间昏定程

望昏月－上弦昏月＝上弦与望间昏定程

下弦晨月－望晨月＝望下弦间晨定程

后朔晨月－下弦晨月＝下弦后朔间晨定程

以相距日，均爲平行度分，与次程相減爲差，以加減平行爲初末日定行。

後少，加爲初，減爲末；後多，減爲初，加爲末。

減相距日均差爲日差，累損益初日爲每日定行。

後多累益之，後少累減之。

因朔弦望晨昏月累加之，得每日晨昏月。

求初末日定行及每日定行：

將各定程相距日，均爲平行度及分，和次定程平行度分相減爲差，乃由平行度分 ± 差 ＝ 初末日定行。后少，加爲初，減为末；后多，減爲初，加爲末。又由

$$\frac{差}{相距日-1}=日差$$

更由　初日定行 ±（累加累減）日差＝每日定行。后多，累益之；后少，累減之。

求每日晨昏月：

求得朔弦望晨昏月，計日累加之，得每日晨昏月。

晷漏各計其日中入二至加時已來日數及餘，如初限已下爲後，已上以減，二至限餘爲前副之，各以乘數乘之，用減初末差，所得再乘其副，滿百萬爲尺，不滿爲寸爲分，夏至後則

退一等，皆命曰晷差，冬至前後，以減冬至中晷，夏至前後，以加夏至中晷，爲每日陽城中晷。

求陽城每日中晷：

計其日中入二至加時以后的日數及餘，如在初限，即冬至前后限以下為后；如在以上，則由二至限－入二至加時后日數，各為副置數，乃由

$$\frac{(\text{初末差}-\text{乘數}\times\text{副置數})\times\text{副置數}}{1000000}$$

$$=\text{尺數}+\text{不尽數}$$

不尽數退除為寸為分。

在夏至前后，除得的尺寸分，应退一等，而后皆命为晷差。

在冬至前后，由

$$\text{冬至中晷}-\text{晷差}=\text{陽城每日中晷}$$

在夏至前后，由

$$\text{夏至中晷}+\text{晷差}=\text{陽城每日中晷}$$

与次日相減，後多曰息，後少曰消，以冬夏至午前後約分乘之，萬而一，午前息減消加，午後息加消減，中晷爲定數也。

求陽城中晷定數：

將所得中晷，和次日中晷相減，后多為息，后少為消，乃由中晷 ±（午前息減消加，午后

息加(消减)息或消的减餘×冬夏至午前后的分/10000＝中晷定數。

凡冬至初日有減無加，夏至初日有加無減。又計二至加時已來，至其日昏後夜半日數及餘，冬至後為息，夏至後為消，如一象已下為初，已上反減二至限餘為末，令自相乘，進二位，以消息法除為分，副之，与五百分，先相減，後相乘，千八百而一，以加副，為消息數。

求每日消息數：

冬夏至為日行盈缩的起端，冬至初日，有减无加；夏至初日，有加无减。又計二至加時后，其日昏后夜半日數及餘。此日數冬至后为息，夏至后為消。如在一象以下為初，如在以上則由二至限－二至加時后至其日昏后夜半日數為末。令：

$$\frac{100\text{初}^2(\text{或}100\times\text{末}^2)}{\text{消息法}}=K$$

乃由 $$\frac{(500-K)K}{1800}+K=\text{每日消息數}$$

以象積乘之，百約為分，再退為度，春分後以加六十七度四十分，秋分後以減百一十五度二十分，即各其日黄道去極。与一象相減，則赤道内外也。

求每日黄道去極度，及赤道内外度：

$$\frac{\text{象積} \times \text{其日消息数}}{100} = \text{分数}$$

$$\frac{\text{分数}}{100} = \text{度数}$$

春分后，由

67°40′ + 所除得的度分 = 每日黄道去極度

秋分后，由

115°20′ − 所除得的度分 = 每日黄道去極度

将黄道去極度，和一象相减，得赤道内外度。

以消息數，春分後加千七百五十二，秋分後以減二千七百四十八，卽各其日晷漏母也。以減五千，爲晨昏距子分。

求每日晷漏母：

春分后，由

1752 + 其日消息数 = 其日晷漏母

秋分后，由

2748 − 其日消息数 = 其日晷漏母

並由　5000 − 其日晷漏母 = 晨昏距子分

置晷漏母千四百之十一乘，而再半之，百約，爲距午度，以減半周天，餘爲距中度。

求每日距中度：

$$\frac{\frac{1461\times\text{晷漏母}}{4}}{100}=\text{距午度}$$

半周天－距午度＝距中度

百三十五乘晷漏母，百約為分，得晨初餘數。

求晨初餘數：

$$\frac{135\times\text{晷漏母}}{100}=\text{分數}=\text{晨初餘數}$$

凡晷漏百為刻，不滿以象積乘之，百約為分，得夜半定漏。

求每日夜半定漏：

$$\frac{\text{晨初餘數}}{\text{刻法}135}=\text{刻數}+\text{不盡數}$$

$$\frac{\text{象積}\times\text{不盡數}}{100}=\text{分數}$$

所得刻分，即為夜半定漏。

$$\text{晨初餘數}=\frac{\text{刻法}135\times\text{晷漏母}}{100}$$

$$\frac{\text{晨初餘數}}{\text{刻法}}=\frac{\text{晷漏母}}{100}$$

九服中晷，各於其地，立表候之。在陽城北，冬至前候晷景，与陽城冬至同者，為差日之始。在陽城南，夏至前候晷景，与陽城夏至同者，為差日之始。自差日之始，至二至日為距差日數也。

九服所在地，立表以候其地中晷。在陽城北，冬至前候晷景，必得与陽城相同晷景的日，即以該日為起差日。在陽城南，夏至前候晷景，必得与陽城相同晷景的日，亦以該日為起差日。自起差日數，至二至日的相距日數，即為距差日。

在至前者，計距前已來日數；至後者，計入至後已來日數，反減距差日，餘為距後日。準求初末限晷差，各冬至前後以加，夏至前後以減，冬夏至陽城中晷，得其地，其日中晷。若不足減，減去夏至陽城中晷，即其日南倒中晷也。自餘之日，各計冬夏至後所求日數，減去距冬夏差日，餘準初末限入之。

求九服所在地每日中晷：

其日若在至前，則計距至前以后日數；其日若在至后，則计入至后日數，反減距差日，餘為距後日。皆依前述求初末限晷差法，示出晷差。其日若在冬至前后，則由：

冬夏至陽城中晷 + 相当晷差 = 其地其日中晷

其日若在夏至前后，則由：

冬夏至陽城中晷－相当晷差＝其地其日中晷。若不足減，則反減去陽城夏至中晷，即為其日南向倒中晷。其餘各日，各計冬夏合所求日數，其中減去距冬夏至差日，將其減餘，依初末限法入之。

又九服所在，各於其地置水漏，以定二至夜刻，為漏率，以漏率乘每日晷漏母，各以陽城二至晷漏母除之，得其地每日晷漏母。

求九服所在地每日晷漏母：

於所在地置水漏，以確定其冬夏至夜刻，以為漏率。示式如下：

$$\frac{\text{陽城每日晷漏母}\times\text{漏率}}{\text{陽城二至晷漏}}=\text{其地每日晷漏母}$$

交會以四百一，乘朔望加時入交常日及約餘，三十除為度，不滿退除為分，得定朔望入交定積度分。以減天周，命起朔望加時黃道日躔，即交所在宿次。

求定朔望入交定積度分：

$$\frac{401}{30}=13.367=\text{月的日平行度}$$

$$\frac{401\times\text{朔定加時入交常日及約餘}}{30}=\text{度餘}+\text{不尽數}$$

不尽數退除為分，即定朔望入交定積分。

周天一入交定積度分，命以朔望加時黃道日躔為起点外，即交所在宿次。

凡入交定積度，如半交已上為在陽厤，已上減去半交，餘為入陰厤。半交已上，已上疑為已下。

求定朔望入阴阳厤：

視入交定积度，如小於半交，為入陽厤。如大於半交，其中减去半交，减餘為入陰厤。

以定朔望約餘乘轉分，萬約為分，滿百為度，以減入陰陽厤積度，為定朔夜半所入。

求定朔望夜半所入：

10000：定朔望约餘＝其日轉分：x

$$x=\frac{\text{定朔望约餘}\times\text{轉分}}{10000}$$

故由　入阴阳积度$-x$＝定朔望夜半所入

如一象已下，為在少象。已上者，反減半交，餘為入老象。皆七十三乘之，退一等，用減千三百二十四，餘以乘老少象度及餘，再退為分，副之，在少象三十度已下，老象六十一度已上，皆与九十一度，先相減，後相乘，五十六除為差，若少象三十度已上，反減九十一度，及老象六十度已下，皆自相乘，百五除為差，皆以減副，百約為度，即朔望夜半月去黃道度分。

求朔望夜半月去黄道度分：

視夜半所入，小於一象，爲入少象。如大於一象，則由半交減去夜半所入，餘爲入老象。更由：

$$\frac{\left(1324-\frac{73}{10}\times\text{老少象度及餘}\right)\times\text{老少象度及餘}}{100}$$

$=$分數$=$副置數

視少象在30°以下，老象61°以上，皆由

$$\frac{(90^\circ-\text{老少象度})\text{老少象度}}{56}=\text{差}$$

若少象在30°以上，則由$91-$少象；或老象60°以上，乃令

$$\frac{(91-\text{少象})^2\text{或}(\text{老象})^2}{105}=\text{差}$$

前例和後例，皆由

$$\frac{\text{副置數}-\text{差}}{100}=\text{度數}=\text{朔望夜半月去黄道度分}$$

凡定朔約餘距午前後分，与五千先相減，後相乘，三萬除之，午前以減，午後倍之，以加約餘爲日蝕定餘。定望約餘，即爲月蝕定餘。晨初餘數已下者，皆四百乘之，以晨初

餘数除之，所得以加定望約餘，爲或蝕小餘。

求日蝕定餘及月蝕定餘：

$$\frac{約餘\pm(5000-定朔約餘距午前後分)\times約餘距午前後分}{30000}$$

$=$日蝕定餘

$\pm$為午前以減，午后倍之，以加。

定望約餘，即為月蝕定餘。

求蝕小餘及其辰刻：

視月蝕定餘，如小於晨初餘數，則由

$$\frac{400\times月蝕定餘}{晨初餘數}+定望約餘=或蝕小餘$$

各以象統乘之，萬約爲半辰之數，餘滿二千四百爲刻，不盡退除爲刻分，即其辰刻日蝕。

定望小餘，以通法 13500 為分母。

將定望小餘，改成定望約餘，則由：

13500：定望小餘$=10000$：定望約餘

或蝕小餘，也以10000為分母。

今以 24小時乘之，以万約之，得若干辰数及剩餘。由

$$\frac{剩餘}{2400}=若干刻+不尽数$$

復將不尽数，退除為刻分，即得所求辰刻。

有差，置其朔距天正中氣積度，以減三百六十五度半，餘以千乘，滿三百六十五度半，除為分日限心。加二百五十分為限首，減二百五十分為限尾。滿若不足，加減一千。

退蝕定餘一等與限首尾相近者，相減，餘為限內外分。

求分日限心限首及限尾：

日蝕有差，說見大衍厤中。崇玄厤則由

$$\frac{(365\frac{5}{19}-\text{其朔距天正中气積度})\times 1000}{365\frac{5}{19}}=\text{分日限心}$$

$$250+\text{限心}=\text{限首}$$

$$250-\text{限心}=\text{限尾}$$

加減後，滿若不足，加減一千。

求限內外分：

将 $\frac{\text{蝕定餘}}{19}$ 与限首限尾相接近的相減，

其減餘，称為限内外分。

其蝕定餘多於限首，少於限尾者，為外。少於限首，多於限尾者，為內。在限內者，令限內分自乘，百七十九而一，以減之百三十，餘為陰厤蝕差。限外者，置限外分，與五百先相減，後相乘，四百四十六而一，為陰脁蝕差。

求陰脁蝕差：

若蝕定餘大於限首，少於限尾，其值在限首限尾以外，故為外。若少於限首，大於限尾，其值則在限首限尾间，故為内。

其限内者，由

$$630-\frac{(\text{限内分})^2}{179}=\text{陰脁蝕差}$$

其限外者，由

$$\frac{(500-\text{限外分})\text{限外分}}{446}=\text{陰脁蝕差}$$

又限内分，亦与五百先相減，後相乘，三百一十三半而一，為陽脁蝕差。

限内分求陽脁蝕差：

$$\frac{(500-\text{限内分})\text{限内分}}{313.5}=\text{陽脁蝕差}$$

在限内者，以陽脁蝕差加陰脁蝕差為既前法。以減千四百八十，餘為既後法。在限外者，以六百一十分為既前法，八百八十分為既後法。

求既前法及既後法：

在限内者，由

$$\text{陽脁蝕差}+\text{陰脁蝕差}=\text{既前法}$$

1450－既前法＝既後法

在限外者，以

610分為既前法

880分為既後法

其去交度分，在限外陰厤者，以陰厤差減之，不足減者，不蝕。又限外無陽厤，交在限內陰厤者，以陽厤蝕差加之，若在限內陽厤者，以去交度分，反減陽厤蝕差，若不足反減者，不蝕，皆為去交定分。

求去交定分：

若去交度分，在限外陰厤，則以陰厤蝕差減去交度分，為去交定分。

如不足減，則不生蝕象。

又限外无陽厤，去交度分。

在限內陰厤，則以陽厤蝕差，加入去交度分，為去交定分。

若在限內陽厤，則以去交度分，反減陽厤蝕差，為去交定分。若不足反減，則不生蝕象。

如既前法已下者，為既前分。已上者，以減千四百八十，餘為既後分。皆進一位，各以既前後法除為蝕分。在既後者，其虧復陰麻也。既前者，陽麻也。

求蝕分：

如去交定分，在既前法以下，稱為既前分。如在以上，則令 1480－去交定分＝既後分。更由

$$\frac{10\times 既前后分}{既前后法}=蝕分$$

在既后虧復為陰麻；在既前虧復則為陽麻。

凡朔望月行定分，日以九百乘，月以千乘，如千三百三十七而一，日以減千八百，月以減二千，餘為汎用刻分。

求日月食汎用刻分：

日食則以：

$$\frac{1800-900\times 朔月行定分}{1337}=日食汎用刻分$$

月食則以：

$$\frac{2000-1000\times 定望月行定分}{1337}=月食汎用刻分$$

凡月蝕汎用刻，在陽麻，以三十四乘；在陰麻，以四十一乘，百約為月蝕既，前以減千四百八十，餘為月蝕定法，其去交度分，如既限以下者既，已上者以減千四百八十，餘進一

位，以定法約爲蝕分，其蝕五分已下者，爲或食，已上爲的蝕。

求月蝕定法：

陽曆，由

$$\frac{34\times 月蝕汎用刻}{100}=月蝕既限$$

陰曆，由

$$\frac{41\times 月蝕汎用刻}{100}=月蝕既限$$

1480－月蝕定法，如去交度分，小於既限，則蝕既；大於既限，則由：

$$\frac{10\times(1480-去交度分)}{定法}=蝕分$$

蝕分在5分以下，爲或蝕；以上爲的蝕。

凡日月食分汎用刻乘之，千而一，爲定用刻。不盡退除爲刻分，既者以汎爲定。各以減蝕甚約餘爲虧初，加之爲復滿。凡蝕甚与晨昏分相近如定用刻已下者，因相減，餘以乘蝕分，滿定用刻而一，所得以減蝕分，得帶蝕分。

求日月食定用刻：

則由：

$$\frac{\text{汎用刻}\times\text{日月食分}}{1000}=\text{定用刻}$$

除不尽数，退除為刻分。日月食既者，以汎為定。

求虧初及復滿約餘：

蝕甚約餘－定用刻＝虧初約餘

蝕甚約餘＋定用刻＝復滿約餘

求帶蝕分：

如蝕甚和晨昏分相近，並在定用刻以下，則將小於定用刻的蝕甚，和晨昏分相減，命減餘為K，得式：

定用刻：蝕分 ＝K：所得見之蝕分x

$$x=\frac{K\times\text{蝕分}}{\text{定用刻}}$$

蝕分 －x＝帶蝕分

崇玄曆帶蝕分的意義，日蝕表示晨前昏後所不見的蝕分，月蝕反是。

五星變差曰歲差，陰陽進退差曰盈縮，文算曰晝度，晝有十二，亦文數也。

大衍曆的變差，崇玄曆改稱歲差。歲差百三十三，秒九十二半。即 $\dfrac{133\frac{92.5}{100}}{13500}$

大衍厤進退数，崇玄厤改称盈缩積。大衍厤爻算，崇玄厤改称畫度。

畫度有盈缩，盈畫為17°8′33″，缩畫為13°25′47″。畫数24，盈畫数12，缩畫数12，和日躔表24氣相应。

太陽一歲24氣，以冬夏至為盈缩运行的起端，周而復始。五星与之相应為盈缩运行，周而復始。張子信始創見之，經皇極、麟德二厤，至大衍厤始以之入厤，称為進退数，崇玄厤改称盈缩積，更為顯明。

推冬至後加時平合日算曰平合中積，副之，曰平合中星，歲差減中星曰入厤，有餘者皆約之，因平合，以诸变常積日，加中積常積度，加中星入厤，各其变中積中星入厤也。

推冬至後加時平合中積中星，及求诸变中積中星入厤兩項，崇玄厤沿用大衍厤術，惟"平合日际"，改称"平合中積中星"，将"入爻际数"，改称"中積中星入厤"。入厤小餘，则变為约餘。

凡入厤盈限已下為盈，已上去之，為缩。各如畫度分而一，命畫数算外，不満以畫下損益乘之，晝度分除之，以損益盈縮積為定差。

求諸交盈缩定差：

是從大衍曆的五星爻算曆表衍变而来。大衍曆計算爻算進退定数，用三次差内插法；算平合所入進退定数，用二次内插法。

崇玄曆将爻算改為晝度，進退數改為盈缩積。简化計算。入曆在盈限以下為盈，以上則於其中减去盈限，减餘為缩。置

$$\frac{盈缩入曆}{晝度分}=若干晝数+不尽数$$

晝度分：晝下損益数＝不尽数：所求x

$$x=\frac{損益数\times不尽数}{晝度分}$$

盈缩積 $\pm x$＝盈缩定差

盈加縮减中積為定積。準求所入氣及月日，加冬至大餘及約餘，為其交大小餘，以命日辰，則交行所在也。

求諸交定積及其交行所在：

中積 $\pm$（盈加缩减）盈缩定差＝定積

如大衍曆求所入气，或所入月日，加入冬至大餘及约餘，為其交段大小餘，以命日

日及辰刻，則得变星行所在。

亦以盈加縮減中星，應用躔差，視定積如半交已下爲在盈，已上去之，爲在縮。所得，令半交度先相減，後相乘，三千四百三十五，除爲度，不盡，退除爲分者，亦盈加縮減之。其變異術者，從其術。

求諸变定星及其变行加時所在宿度：

中星 ±(盈加缩減)盈缩定差，用日躔差，視定積如在半交以下爲在盈，以上減去半交，減餘爲在缩。乃由：

$$\frac{(\text{半交度}-\text{在盈或在缩定積})\text{在盈或缩定積}}{3435}$$

$$=\text{度數}+\text{不尽數}$$

不盡數退除爲分，其度及分，並以盈加缩減中星，而各得定星。但其变有異術時，如下術文所言。其变段用其变段定差等，其術錯綜不合，須各從其術。

各爲定星，命起冬至黃道日躔，得其变行加時所在宿度也。凡辰星依麻變置算，乃視晨見、晨順，在冬至後，夕見、夕順，在夏至後，計中積去二至九十一日半已下，令自乘，已上以減百八十二日半，亦自乘，五百而一，爲日以加晨夕見中積中星，減晨夕順中積中星，各為應見不見中積中星也。

求辰星应見不見中積中星：

凡辰星各依麻交置之，所谓："依麻交置之"，即若"晨見""晨順"二交段適在冬至后，"夕見""夕順"二交段適在夏至后，計之中積和二至相距為91日.5以下时，則令：

$$\frac{(中積)^2}{500}=K$$

如中積和二至相距為91日.5以上，則令：

$$\frac{(182日.5-中積)^2}{500}=K$$

K均表示日數。乃由：

晨夕見中積中星 ＋K　或由：

晨夕順中積中星 －K

均為应見不見中積中星。

凡盈縮定差，熒惑晨見交，六十一乘之，五十四除之，乃為定差。太白辰星再合，則半其差。其在夕見，晨疾二交，則盈減縮加。

求火金水三星在特交的盈缩定差：

就盈缩定差論：

熒惑在"晨見"交段，应以

$\frac{61}{54}\times$盈缩定差$=$真正定差

太白、辰星在"再合"段，则取其半差爲定差。在"夕見""晨疾"二变段，则将半差盈减缩加盈缩定差爲定差。

凡歲、鎮、熒惑留退，皆用前遲入曆定差。又各視前遲定星，以交下減度減之，餘半交已下爲盈，已上去之爲縮。又視之七十三已下，三因之，已上減半交，餘二因之，爲差。歲、鎮二星退一等，熒惑全用之。在後退，又倍其差，後留三之，皆滿百爲度，以盈加縮減中積，又以前遲定差，盈加縮減，乃爲留退定積。其前後退中星，則以差縮加盈減。又以前遲定差，盈加縮減，乃爲退行定星。

求歲、鎮、熒惑留退定積及退行定星：

凡木、土、火三星在留退段，皆用前迟入曆定差，爲留退定差。

又各由前迟段定星，减去其交段下减度，减餘若在半交以下爲盈，以上减去半交爲缩。

又視前迟定星，若小於73，則

$3\times$前迟定星$=$差

若大於73，則

$2\times($半交$-$前迟定星$)=$差

木土二星，則令差退一等。在火，則全用之。

在後退段，則由

$$\frac{中積 \pm (盈加縮减) 2 \times 差}{100} = 定積$$

在後留段，則由

$$\frac{中積 \pm (盈加縮减) 3 \times 差}{100} = 定積$$

中積±(盈加縮减)前退定差 = 留退定積

前后退中星±(縮加盈减)差±(盈加縮减)前退定差

= 退行定星

凡諸変定星，迭相减，爲日度率，熒惑遲日，盈六十度，盈二十四者，所盈日度，加疾変日度爲定率。太白退日率，百乘之，二百一十二除之，爲留日。以减退日率，爲定率。辰星退順日率一等爲留日，以减順日率爲定率。

求諸変日度定率：

凡諸変定積定星，前後相减，即得諸変日率度率。熒惑在遲日段，其盈可至六十度。盈24度者，則於所盈日度，加入疾変日度爲定率。太白則令 $\frac{100 \times 退日率}{212}$ = 留日率

乃由退日率，减去留日率爲定率。辰星則由

$$\frac{\text{順日率}}{10}=\text{留日率}$$，乃從順日率，減去留日率為定率。

以日均度為平行，又与後交平行相減為差，半之，視後多少，以加減平行為初末日行分。

求諸交初末日行：

置其交度率，除以其交日率為平行。即所謂：以日均度為平行。以之与后交段平行相減為差，視后多少，以加減平行為初末日行分。（參攷以後崇天麻解釋）

以初日行分乘其交小餘，萬而一，順減退加其交加時宿度，為夜半宿度。

求諸交星行夜半宿度：

由其交加時宿度 ±（順減退加）

$$\frac{\text{初日行分}\times\text{其交約餘}}{10000}=\text{星行夜半宿度}$$

又減日率一，均差為日差，視後多少，累損益初日為每日行分。

求諸交每日行分：

減日率一，將差均為日差，審視其后多少，累加減初日行分，為每日行分。（參攷崇天麻）

因夜半宿度累加減之，得每日所至。

求每日所至：

由夜半宿度 ±(累加减)每日行分

二星行每日所至

五星差行，衰殺不倫，皆以諸交類會消息署之。

以上論五星差行，衰殺不倫，皆以諸交類会消息署之。

起二年頒用，至唐終景福。

唐景福元年892年~~B.C.~~、麻成，二年頒用893至後晋938，行用63年

崇玄麻演紀上元甲子距景福元年壬子歲積五千三百九十四萬七千三百八算外

上元日月五星，均起於赤道虛四度，距唐昭宗景福元年壬子歲，積5394万7308年，以60除之，餘48，壬子未計入内。

崇玄通法萬三千五百

歲實四百九十三萬八百一

氣策十五，餘二千九百五十，秒一。

朔實三十九萬八千六百六十三

平會二十九，餘七千一百六十三。

望策十四，餘萬三百三十一半。

弦策七，餘五千一百六十五太。

朔虚分六千三百三十七。

中盈分五千九百，秒二。

歲餘七萬八百一。

闰限三十八萬六千四百二十五，秒二十三。

象位六。

象統二十四。

候策五，餘九百八十三，秒二十五，秒母七十二。

卦策六，餘千一百八十，秒一，秒母六十。

土王策三，餘五百九十，秒一，秒母百二十。

辰数五百六十二半。

刻法百三十五。

這是崇玄厤用以步中朔及发斂的法数。

$$\frac{歲实\ 4930806}{13500}=360\frac{70801}{13500}$$

分子 70801，即為歲餘。以 24 除前式，得

$$氣策\quad 15日\frac{2950\frac{1}{24}}{13500}$$

以 $\frac{朔实\ 398663}{13500}=$ 平会 $29日\frac{7163}{13500}$，平会折半，得

望策 $14日\frac{10331.5}{13500}$，4除平会，得

弦策 $7日\frac{5165\frac{18}{24}}{13500}$。

以 $30\times$通法－朔实＝朔虚分$\frac{6337}{13500}$，

以 $\frac{\text{歲餘}}{12\text{月}}$＝中盈分$\frac{5900\frac{2}{24}}{13500}$，

以 朔实－(中盈分＋朔虚分)＝闰限$\frac{386425\frac{12}{24}}{13500}$

以 4除象统，得象任之。

置一歲日数 $365\frac{3301}{13500}$，5均分之，得

$72^{日}\frac{14160\frac{1}{5}}{13500}$，

為四季土王用事日的总和，復4均分之，得

$18^{日}\frac{3540\frac{1}{20}}{13500}$，

以6除之，得

土王策$3^{日}\frac{590\frac{1}{120}}{13500}$。

辰数 562.5，則由 $\frac{\text{通法}}{24}$；刻法 135，則由 $\frac{\text{通数}}{100}$ 而得。

崇玄麻的步中朔及发斂兩術皆沿用大衍麻。

周天分四百九十三萬九百六十一，秒二十四。

歲差百六十，秒二十四。
周天三百六十五度，虛分三千四百六十一，秒二十四。
約虛分二千五百六十三，秒八十八。
除法七千三百五。
秒母一百。

周天分即大衍曆的乾實。

$$\frac{\text{周天分}\ 4930961\frac{24}{100}}{13500}=\text{周天}\ 365^{\text{日}}\frac{3461.24}{13500}$$

$$=365^{\circ}.256388$$

小數点以下數，改為整數，命為約虛分，以10000為分母。秒母見前，除法定為7305。

二十四氣　中積自冬至每氣以氣策及約餘累之

氣節	升降差	盈縮分	損益數	朓朒積
冬至	升7740	盈初	益782	朒初
小寒	升6069	盈7740	益613	朒782
大寒	升4572	盈15809	益462	朒1395
...	...	...	...	...
大雪	升7740	縮7740	損782	朓782

轉周分三十七萬一千九百八十六，秒九十七。
轉終日二十七，餘七千四百八十六，秒九十七。
朔差日一，餘萬三千一百七十六，秒三。
度母一百。每日累轉分為轉積度。

秒母一百。

轉终	日轉分	列差	損益率	朓朒積
一日	1207	進16	益1319	朒初
二日	1223	進17	益1150	朒1319
三日	1240	進18	益978	朒2469
四日	1258	進18	益799	朒3447
———	———		———	
二十七日	1233	退17	損1223	朓1960
二十八日	1216	退9	初損737 末益入後	朓737

七日初數萬一千九百九十之太，末數千五百三。

十四日初數萬四百九十三半，末數三千之半。

二十一日初數八千九百九十少，末數四千五百九太。

二十八日初數七千四百八十七。

$$\frac{\text{轉周分}\ 371986\frac{97}{100}}{\text{通法}\ 13500}=\text{轉终日}\ 27\text{日}\frac{7486.97}{13500}$$

$$\frac{(\text{朔实}-\text{轉周分})}{\text{通法}}=\frac{(398663-371986.97)}{13500}$$

$$=\text{朔差日}\ 1^{\text{日}}\frac{13176.03}{13500}$$

根据月离表内各日下的轉分，知度母為一百。观上计标式，知秒母亦為一百。

由 $\frac{\text{周天分}}{\text{朔望月}}$ =月平行 一日平行

得 崇玄麻的月平行＝15°.36875，与大衍麻同。以秒母一百通之，各日平行轉分1337，例如：以一日下轉分1207减之，得130，故由

$$\frac{130}{133}=\frac{損益率}{13500}$$ 損益率＝1314的近似值以下仿此。

七日、十四日、二十一日、二十八日初末數計标悉同大衍麻，故麻志（及求朔望入轉等項）不載術文。

蔀率九千三十六

歲餘六百三十九

周天分千七百三十五

周天三百六十五度五分

度母十九

月行定分同轉分

平行積度日累十三度七分

入轉日	損益數	盈縮積度
一日	益131	縮初空
二日	益114	縮一度三十一
三日	益97	縮二度四十五分
……	——	——
二十八日	初損74 末益入後	盈七十四分

轉周二十七日五十五分半

七日初八十八分，小分八十七半，末十一分，小分十二半。

十四日初七十七分太，末二十二分少。

二十一日初六十六分，小分六十二半，末三十三分，小分三十七半。

二十八日初五十五分半。

入轉日母一百。

釋見前。

入轉表的要目，以100除前表各入轉日的損益數及盈缩積度，得本表的損益數及盈缩積度。结果稍有不同，乃由於四捨五入及所用月平行稍异之故。

轉周為二十七日五十五分半，以之除一歲365日25得遲疾13周，又餘7日35分半。

七日、十四日、二十一日、二十八日的初分，順次為88分，又小分87半；77分太；66分，又小分62分半，55分半。

今取崇玄厤的入轉項目，与前相应的入轉項目之比：

$$\frac{\text{轉終日餘 } 7486.97}{\text{轉周日餘 } 55.5}=\frac{\text{七日初數 } 11996\text{太}}{\text{七日初分 } 88.875}$$

$$=\frac{\text{二十八日初数}\ 7487}{\text{二十八日初分}\ 55.5}\approx 135$$

二至限百八十二日六十二分，小分二十二分半。

消息法千六百六十七半。

一象九十一度三千一百三十一分。

辰法八刻百六十分。

昏明二刻二百四十分。

象積四百八十。

冬至前後限五十九日，差二千一百九十五分，乘数十五。

夏至前後限百二十三日，六十二分，小分二十二半，差四千八百八十分，乘数四。

陽城冬至晷丈二尺七寸一分半。

夏至晷尺四寸七分，小分八十。

這是崇玄曆步晷漏術的法数。

$$\frac{\text{歲实}\ 4930801}{2\times\text{通法}\ 13500}=\text{二至限}\ 182\text{日}.62225$$

消息法 1667.5 自大衍曆消息定衰简化而得。

$$\frac{\text{周天分}\ 4930961}{4\times\text{通法}\ 13500}=\text{一象度}\ 91\text{日}+\frac{3131}{10000}$$

12辰与100刻相当，故

$$\text{辰法}=8\text{刻}\frac{4}{12}=8\text{刻}\frac{160}{480}$$

分数的分母，即大衍曆步晷漏術的象積。

昏明刻规定为二刻半，即半刻$=\frac{240}{450}$，

象積 480

冬夏至前后限一为59日，一为153日.62225，相加得二至限日数，各有其差及乘数。

陽城冬夏至晷景数，来自实测。

交終分三十六萬七千三百六十四，秒九千六百七十三。

交終日二十七，餘二千八百六十四，秒九千六百七十三，約餘二千一百二十二。

交中日十三，餘八千一百八十二，秒四千八百三十六半，約餘六千六百十一。

朔差日二，餘四千二百九十八，秒三百二十七，約餘三千一百八十四。

望策日十四，餘萬三百三十一，秒五千，約餘七千六百五十三。

交限日十二，餘六千三十三，秒四千六百七十三，約餘四千四百六十九。

望差日一，餘二千一百四十九，秒四百六十三半，約餘千五百九十二。

交率二百六十二。

交數三千三百五十。

交終三百六十三度七十三分，小分六十四。

轉終三百七十四度二十八分。

半交百八十一度八十六分，小分八十二。

一象九十度九十三分，小分四十一。

去交度乘數十一，除數八千六百三十二。

秒母一萬。

$$\frac{交終分\ 367364\frac{9673}{10000}}{通法\ 13500}=交終日\ 27日\frac{2864.9673}{13500}$$

$$=27日.2122$$

$$\frac{交終日}{2}=中日\ 13日\frac{8182.48365}{13500}=13日.6061$$

$$平会-交終日=朔差日\ 2日\frac{4298\frac{48365}{13400}}{13500}$$

$$=2日.3184$$

望策見前

$$望策日-朔差日=交限日\ 12日\frac{6033\frac{4673}{10000}}{13500}$$

$$=12日.4469$$

$$\frac{朔差日}{2}=望差日\ 1日\frac{2149\frac{1635}{10000}}{13500}=1日.1592$$

交率、交數与皇極麻同義。

以月平行乘交終日，及其约餘，得

交終 363度73分64小分

以月平行乘轉終日，及其约餘，得

轉終 374度28分

$$\frac{交終}{2}=半交\ 181度86分82小$$

$\frac{半交}{2}$ = 一象度 90度 95分 41小分

去交度的乘数 11，除数 8632，

秒母 10000

歲星終率五百三十八萬四千九百六十二，秒十一。

平合日三百九十八萬一千九百六十二，秒十一，約餘八千八百六十一。

盈限二百五度

盈畫十七度八分秒三十三。

縮限百六十度二十五分秒六十三太。

縮畫十三度二十五分秒四十七。

歲差百三十三秒九十二半。

畫數	損益	盈差積	損益	縮差積
初	益百九十	盈初	益九十	縮初
二	益百八十	盈一度九十	益百七十	縮九十
三	益百五十	盈三度七十	益二百一十	縮二度六十
四	益百四十	盈五度二十	益百六十	縮四度七十
五	益七十	盈六度六十	益八十	縮七度三十
六	益四十五	盈七度三十	益四十	縮七度十
七	損四十五	盈七度七十五	益十五	縮七度五十
八	損百四十五	盈七度三十	益十	縮七度六十五
九	損八十五	盈五度八十五	損十	縮七度七十五

十　損二百　盈五度　損二百六十五　縮七度六十五

十一　損百六十　盈三度　損二百六十　縮五度

十二　損百四十　盈一度四十　損二百四十　縮二度四十

五星入交麻

星名	交目	常積日	常積度	加減
歲星	晨見	十七日五十分	三度五十分	用日躔差
	前疾	九十八日	十八度五十分	
	前遲	百三十一日五十分	二十二度五十分	
	前留	百五十八日		減六十五度
	前退	百九十九日七十五分	十六度七十五分	減七十一度
	後退	二百四十日	十一度	減八十二度五十分
	後留	二百六十七日五十分		減八十七度
	後遲	三百一日	十五度	
	後疾	三百八十一日三十八分	三十度二十分半	用日躔差
	夕合	三百九十八日八十七分	三十三度六十二分半	用日躔差

這是歲星运行的主要法数和项目。

$$\frac{\text{歲星终率}\ 5384962\frac{11}{100}}{\text{通法}\ 13500}=\text{平合日}\ 398\text{日}\frac{11962.11}{13500}$$

$$=398\text{日}.8861$$

以周天 $365\text{日}\dfrac{2563\frac{88}{100}}{10000}$，改标成365°25'63"88，分为二部分，一為盈限205度，一為缩限160度25'63"太。

大衍曆步五星篇的爻称，崇玄曆称為畫度。畫度有盈縮，盈畫17度8分33秒，縮畫15度25分47秒。

歲差 $\frac{133\frac{92.5}{100}}{13500}$ 和大衍曆变差相当。

畫數、損益數、盈差積、縮差積為組成畫數表的要目。畫數24，分為盈畫數12，縮畫數12，与日躔表24氣相应。

太陽一歲24氣，冬夏至为盈縮运行起端，周而復始。五星相应，亦為盈縮运行，周而復始。張子信創見之。經皇極、麟德二曆，至大衍曆始整理入曆，称为進退數，崇玄曆改称盈縮積，更觉显明。

变目、常積日、常積度、加減數四目，是崇玄曆表示各变段运行状況。

变目自晨見变段，至夕合变段，共有十個。

常積日和大衍曆步五星篇的日中率相当。

常積度与度中率相当。

加減數与曆度相当。

歲星一个会合周期398日87分等於各变段常積日的遞加數。由后变段日數，減去前变段日數，得后变段平均積日數。

中積，例如由前疾段98日，減去晨見段17日50分，得前疾段平均积日80日50分，餘以此數析。

常積度如用代數加減法入之，即

前留段以前退段積度，為其積度，由前退段16度75分，減去前留段22度50分，得5度75分，所以此實析。

加減數和入曆積度相當。

所以晨見后疾夕合等各段，均由日躔表中相當入曆日的升降差，用日躔差計算曆度。

前留、前退、后退、后留等各段。其度均用減号，即代數学上的负号，用以計算。

其餘四星法數、項目解釋仿此。

術文未録。

72年3月4日 壬子正月十九日

周王朴欽天麻

《舊五代史》卷一百四十

《歷志》残

宋薛居正等撰

《五代史》卷五十八

《司天考》

宋歐陽修撰

十

《舊五代史》卷一百四十

《曆志》　　　薛居正等撰

古先哲王受命而帝天下者，必先觀象以垂法，治曆以明時，使萬物服其風化，四海同其正朔；然後能允釐下土，欽若上穹。故虞舜之紹唐堯，先齊七政；武王之得箕子，首敘九疇。皇極由是而允興，人時以之而不忒。曆代已降，何莫由斯。粵自軒黃，肇正天統，歲躔辛卯，曆法時成。故黃帝始用辛卯曆，顓頊次用乙卯曆，虞用戊午曆，夏用丙寅曆，商用甲寅曆，周用丁巳曆，魯用庚子曆，秦用乙卯曆，漢用太初曆、四分曆、三統曆，凡三本。魏用黃初曆、景初曆，凡二本。晉用元始曆、合元萬分曆，凡二本。宋用大明曆、元嘉曆，凡二本。齐用天保曆、同章曆、正象曆，凡三本。後魏用興和曆、正光曆、正元曆，凡三本。梁用大同曆、乾象曆、永昌曆，凡三本。後周用天和曆、丙寅曆、明元曆，凡三本。隋用甲子曆、开皇曆、皇極曆、大業曆，凡四本。唐用戊寅曆、麟德曆、神龍曆、大衍曆、元和觀象曆、長慶宣明曆、宝应曆、正元曆、景福崇元曆，凡九本。洎梁氏之应运也，乘唐室陵遲之後，黃巢離乱之餘，圖籍未修，三辰孰驗。故當時歲曆猶用宣明、崇元二法，參而成之。及晉祖肇位，司天監馬重績始造新曆，奉表上之云：臣聞為國者，正一氣之元，宣萬邦之命。爰資曆以立章程。長慶、宣明，雖氣朔不愆，即星躔罕驗。景福、崇元，縱五曆甚正，而年差一日。今以宣明氣朔，崇元星緯，二曆相參，方得符合。自古諸曆，皆以天正十一月為歲首，循太古甲子為上元，积歲彌多，差闊至甚。臣改法定元，創為新曆一部，二十一卷，七章上下經二卷，算草八卷，立成十二卷。取唐天寶十四載乙未立為上元，以雨水正月朔為歲首。謹詣閤門上進。玉海調元曆蓋倣曹士蔿小曆之
曰：唐建中時，曹士蔿始變古法，以
顯慶五年為上元
雨水為歲首，世謂之小曆。晉高祖命司天少監趙仁錡、張文皓，秋官正徐皓，天文參謀趙延乂、杜昇、杜崇龜等，以新曆与宣明、崇元考覈得失，俾有司奉而行之，因賜號調元曆，仍命翰林学士承旨和凝撰序。其後數載，法度寖差

。至周顯德二年，世宗以端明殿學士左散騎常侍王朴，明于曆術，乃命朴考而正之。朴奉詔歲餘，撰成欽天曆十五卷，上之表云：臣聞聖人之作也，在乎知天人之變者也。人情之動，則可以言知之。天道之動，則當以數知之。數之為用也。聖人以之觀天道焉。歲月日時，由斯而成，阴阳寒暑，由斯而節，四方之政，由斯而行。夫為國家者，履端之極，必体其元，布政考績，必因其歲，礼動樂舉，必正其朔，三農百工，必授其時，五刑九伐，必順其氣，庶務有為，必從其日月，六籍宗之為大典，百王執之為要道，是以聖人受命，必治曆數，故得五紀有常度，庶徵有常應。正朔行之于天下也，自唐而下，凡曆數朝乱日失，天垂祥百載，天之曆數，汨陳而已矣。今陛下順考古道，寅畏上天，咨詢庶官，振舉墜典，以臣薄游曲藝，嘗涉旧史，遂降述作之命，俾究迎推之要，雖非能者，敢不奉詔。乃包萬象以立法，齊七政以立元，測圭箭以候氣，審朓朒以定朔，明九道以步月，校遲疾以推星，考黃道之斜正辨天势之升降，而交蚀详焉。夫立天之道，曰陰与陽，陰陽各有數，合则化成矣。陽之策三十六，陰之策二十四，奇偶相命，两陽三陰，同得七十二，同则陰陽之數合，七十二者，化成之數也。化成则谓之五行之數。五行得期之數，過者谓之氣盈，不及者谓之朔虚。至于应变分用，無所不通，所谓包萬象矣。故以七十二為經法。經者常也，常用之法也。法者數之節也。隨法進退，不失旧位，故谓之通法。以通法進經法，得七千二百，谓之統法。自元入經，先用此法，統曆之諸法也。以通法進統法，得七十二萬。氣朔之下，收分必尽，谓之全率，以通法進全率，得七千二百萬，谓之大率，而元纪生焉。元者歲日月時，皆甲子，日月五星合在子正之宿，当盈缩先後之中，所谓七政齐矣。古之植圭于陽城者，以其近洛故也。蓋尚慊其中，乃在洛之東偏。开元十二年，遣使天下候影，南距林邑國，北距横野軍，中得浚仪之岳台，应南北弦，居地之中。皇家建國，定都于梁。今樹圭置箭，測岳台晷漏，以為中數。

晷漏正，則日之所至，氣之所應得之矣。日月皆有盈縮，日盈月縮，則後中而朔，月盈日縮，則先中而朔。自古朓朒之法，率皆平行之數入曆，既有前次，而又衰稍不倫。皇極舊術，則迂迴而難用，降及諸曆，則疏遠而多失。今以月離朓朒，隨曆較定，日躔朓朒，臨用加減，所得者入離定日也。一日之中，分為九限，逐限損益，衰稍有倫，朓朒之法，所謂審矣。赤道者，天之紘帶也。其勢圓而平，紀宿度之常數焉。黃道者，日軌也。其半在赤道內，半在赤道外。去赤道極遠，二十四度當与赤道交，則其勢斜，當去赤道遠，則其勢直。當斜則日行宜遲，當直則日行宜速。故二分前後加其度，二至前後減其度。九道者，月軌也。其半在黃道內，半在黃道外，去黃道極遠。六度出黃道，謂之正交，入黃道謂之中交。若正交在秋分之宿，中交在春分之宿，則比黃道益斜。若正交在春分之宿，中交在秋分之宿，則比黃道反直。若正交中交在二至之宿，則其勢差斜，故較去二至二分遠近，以攷斜正，乃得加減之

數。自古雖有九道之說，蓋亦知而未詳，空有
祖述之文，全無推步之用。今以黃道一周，分
为八節，一節之中，分用九道，尽七十二道，
而復使日月二軌，無所隱其斜正之势焉。九道
之法，所謂明矣。星之行也，近日而疾，遠日
而遲。去日極遠，势尽而留。自古諸曆，分段
失实，隆降無準。今日行分尚多，次日便留。
自留而退，唯用平行，仍以八段行度，为八曆
之數，皆非本理，遂至乖戾。今校定逐日行分
，積逐日行分，以为变段。于是自疾漸而遲，
势尽而留，自留而行，亦積微而後多，別立諸
段，变曆以推变差，俾諸段变差，際会相合，
星之遲疾，可得而知之矣。自古相傳，皆謂去
交十五度以下，則日月有蝕。殊不知日月之相
掩，与暗虚之所射，其理有异焉。今以日月徑
度之大小，較去交之遠近，以黃道之斜正，天
势之升降，度仰視旁視之分數，則交虧得其实
矣。乃以一篇步日，一篇步月，一篇步星。案此下脱
一篇步發斂五字。下云：以卦候沒滅为之下
篇者，言为步發斂之下篇。歐陽史約其文，釋
謹以步日、步月、步星、步發斂为
四篇是也。

20×20＝400

以卦候没灭为之下篇，都四篇，为厤经一卷，厤十一卷，草三卷，显德三年七政细行厤一卷。臣检讨先代图籍，今古厤书，皆无蚀神首尾之文。盖天竺胡僧之袄说也。近自司天卜祝小术，不能举其大体，遂为等接之法。盖从假用以求径捷。于是乎交有逆行之数。後学者不能详知，便言厤有九道，以为注厤之恒式，今并削而去之。昔在唐尧，钦若昊天，陛下亲降圣谟，考厤象日月星辰，唐尧之道也。其厤谨以显德钦天为名。天道元远，非微臣之所尽知，但竭两端，以奉明诏。谨昧死上，甘俟罪戾。世宗览之，亲为制序，仍付司天监。行用以来年正旦为始，前诸厤并废。王朴钦天于朔日分之下，立小分谓之杪。议者谓前代谓厤朔，未有杪者，若可用杪，何得求日法，以示朔分也。

其厤经一卷，今聊纪于後，以备太史氏之周览焉。

顯德欽天曆經

演紀上元甲子，距今顯德三年丙辰積七千二百六十九萬八千四百五十二。

从上元甲子，至周世宗显德三年丙辰，积72,698,452，以60除之，馀52，则丙辰歲未计祘在内。

欽天統法七千二百

欽天綞法七十二

欽天通法一百

这三项目是欽天厤推步各術的基本法數。先规定统法为7,200，次取其百分之一，72为綞法，並为便于十进位计祘，命100为通法。

歲率二百六十二萬九千七百六十四十

軌率二百六十二萬九千八百四十四分十

朔率二十一萬二千六百二十六十八

歲策三百六十五　一千七百六十四十

$$\frac{\text{歲率}}{\text{统法}}=\frac{2629760\frac{40}{100}}{7200}=\text{歲策}\ 365^{\text{日}}\frac{1760\frac{40}{100}}{7200}$$

即一歲的日數

軌策三百六十五　一千八百四十四分十

歲中一百八十三　四千四百八十二十

軌中一百八十二　四千五百二十二四十

朔策二十九　三千八百二十八十

氣策一十五　一千五百七十三三十五

象策七　二千七百五十五七

周紀六十

歲差八十四四十

辰則六百　八刻二十四分

案以上題稱：步日躔術及後步月離術、步五星術，合為麻經四篇者之三。又皆僅列用數，而不及推步。據歐陽史云：“舊史亡其步發斂一篇，而在者三篇，簡略不完。”然則是書，原文，固已闕矣。

赤道宿度

$\frac{\text{軌率}}{\text{統法}}$ = 軌策 $365^{\circ}\frac{1844.80}{7200}$ 即一周天的度數，

歲策折半，得歲中 $182^{日}\frac{4480.20}{7200}$

軌策折半，得軌中 $182^{\circ}\frac{4522.40}{7200}$

$\frac{\text{朔率}}{\text{統法}}$ = 朔策 $29^{日}\frac{3820.28}{7200}$

$\frac{\text{歲策}}{24}$ = 氣策 $15^{日}\frac{1573.35}{7200}$ 即一常气數

$\frac{\text{朔策}}{4}$ = 象策 7日 $\frac{2755.7}{7200}$ 即自朔至上弦日数

周纪为甲子一周的意义，故为60、

軌率 － 歲率 = 歲差 $\frac{84.40}{7200}$

$\frac{\text{统法}}{12}$ = 辰则 600　一辰 = $\frac{100\text{刻}}{12}$ = 8刻24分

赤道宿度沿用大衍历的宿度

求中节　求朔弦望　求日躔入历　求日躔朓朒　求赤道日度　求黄道宿次　求黄道日度　求午中日躔　求午中日躔入历

本历包括大衍历"步中朔""步日躔""步晷漏"三篇，为步日躔術一篇。

求中节、求朔弦望、求日躔入历，即術文所说："天正常朔加时入历"，是沿用以前各历旧法，不須重述。

求日躔朓朒：置所求日躔入历分秒，用比例法：统法：全日损益率＝其日小餘分秒：相当损益率　既得该日小餘的损益率，以之损益该日日初朓朒数，得日躔朓朒定数。

求赤道日度　　置气积　即以岁率，乘上元距所求年，减去軌率若干倍，再以小於軌率的减餘数/统法＝整度数＋度餘。除以虚八度为起点外，就是天正十一月中气加时日躔赤道宿度及餘，再以岁中加入，即得冬至日躔赤道宿度。

求黄道宿次　　与大衍历黄赤道换标略同术文"置二至日躔赤道宿度……径法而一为度"知本历的所入限为五，限率为七十二分之五，根据大衍历演示得：

$$l-\alpha=\frac{\alpha}{5}\left(\frac{5}{72}\times 8+\frac{\frac{\alpha}{5}-1}{2}\times\frac{-5}{72}\right)=\frac{\alpha(85-\alpha)}{720}$$

即$\alpha=\frac{85}{2}$时，得$l-\alpha=2^{\circ}.467$为最大。这是二至前后各九限的公式。若在二分前后各九限则符号相反，改减为加，加赤道得黄道宿。

求黄道日度　　可由前公式求得，但术文所说：将前所求得的"天正中气加时日赤道宿度"，求其对应的所入限，与限率相乘，统法通之，改为度的统法分，得和所入限平乘度餘（即其分），相加为经法为分，并以统法除为度，得黄赤道差，以减日躔赤道宿度，得天正中气加时日躔黄道宿度及分，如得岁中加入，命以黄道宿次，得夏至加时黄道宿度及分。

求午中日躔　由平法一二至加时日度及分＝午后分，若不足减，则反减午前分。　经法：前日躔分＝午前后分：相当躔分

由相当躔分，以之午前加，午后减加时黄道日度，得午中日度及分。各以次日躔分加入，并以统法除为度，命以宿次外，即次日午中日躔黄道宿度。

求午中入躔入历　将所求的天正中气午前分，即午中入盈历日分。　在午后则由岁中一午后分＝午中入缩历日分，累加入一日的躔分，加满岁中即去之，依次盈缩互命，即得每日午中日躔入历。

求岳台中晷　求晨昏分　求日出入辰刻　求昼夜刻　求五夜辰刻　求昏晓中星　求赤道

内外数　求九服距軌数　求九服中晷　求九服刻漏

这是本麻步晷漏術的各項目。

本麻原有步晷漏術表，載岳台各氣中晷数及損益率等，惜已失傳。術文曾说：先求岳台中晷，则将前所求得的午中日躔入麻分，用比例法：

仿法：表中日損益率＝午中入麻分：相当損益率分，得相当損益分，满十为寸，用以損益表下中晷数，即得岳台每日中晷定数。

求晨昏定分　晨昏分已见表中。先置入麻分，求出相当損益率，以之損益其下的晨分及昏分，得所求晨定分及昏定分。

求日出入辰刻　本麻昏明刻数，定为二刻半，恰和180分相当，“以一百八十加晨减昏为日出入分”，乃以

$$\frac{日出入分}{辰则}=辰数+不尽数$$

$$\frac{不尽数}{径法}=刻数$$　即得日出入辰刻

求昼夜刻　日入分－日出分＝昼分

统法－昼分＝夜分

$\frac{\text{昼夜分}}{\text{辰法}}$＝昼夜刻

求五夜辰刻　置自昏至夜半之分，即

$\frac{\text{昏分}}{\text{辰刻}}$＝辰数＋剩余

$\frac{\text{剩余}}{\text{辰法}}$＝刻数　即得　甲夜辰刻

2（自夜半至晨之分）即全夜辰刻

更用分 $\frac{\text{全夜辰刻}}{5}$ 为更用分（一夜五更）

$\frac{\text{更用分}}{5}$ 为筹用分（一更五筹）

累加甲夜所至，积满辰，则为辰，积满辰法为刻，即各得五夜辰刻。

求昏晓中星

$\frac{(\text{半统法}-\text{昏分})\times\text{轨率}}{\text{统法}}$ 为距中分

更以统法，除为度，以加午中日躔为昏中星，以减午中日躔为晓中星。

求赤道内外数　即黄道在赤道内为节分，为赤道内数，反之为赤道外数。

求法与求晨昏定分相同　　置入历分，由比例法求得相当损益率，以损表下内外数，如不足损，则反损之，使其计际内外互命，而得所求赤道内外定数。

求九服距轨数　　以 $2513 \pm$（北加南减）

$360\times$ 距岳台南北差数 $/1756=$ 载中数。

再由载中数于（内减外加）赤道内外定数，得九服距轨数。

求九服中晷　　以 $\dfrac{25\times\text{距轨数}}{137}$，命之为"天用分"，又以 $4000-\dfrac{22}{6}\times$ 天用分 $=$ 晷法，又令

$$\frac{\text{天用分}^2}{\text{晷法}}=\text{地用分}$$

$$\text{晷法}+\text{地用分}=4000-\frac{22}{6}\times\text{天用分}+\frac{\text{天用分}^2}{\text{晷法}}=\text{晷分}$$

$$=\text{晷法}^2+\frac{\text{天用分}^2}{\text{晷法}}$$

晷分十为寸，得九服中晷。

求九服刻漏

$$\text{漏法}=\left[\frac{\dfrac{(\text{经法}\times\text{载中})^2}{2}}{\text{其地载中数}}\right]\frac{262}{\text{经法}}$$

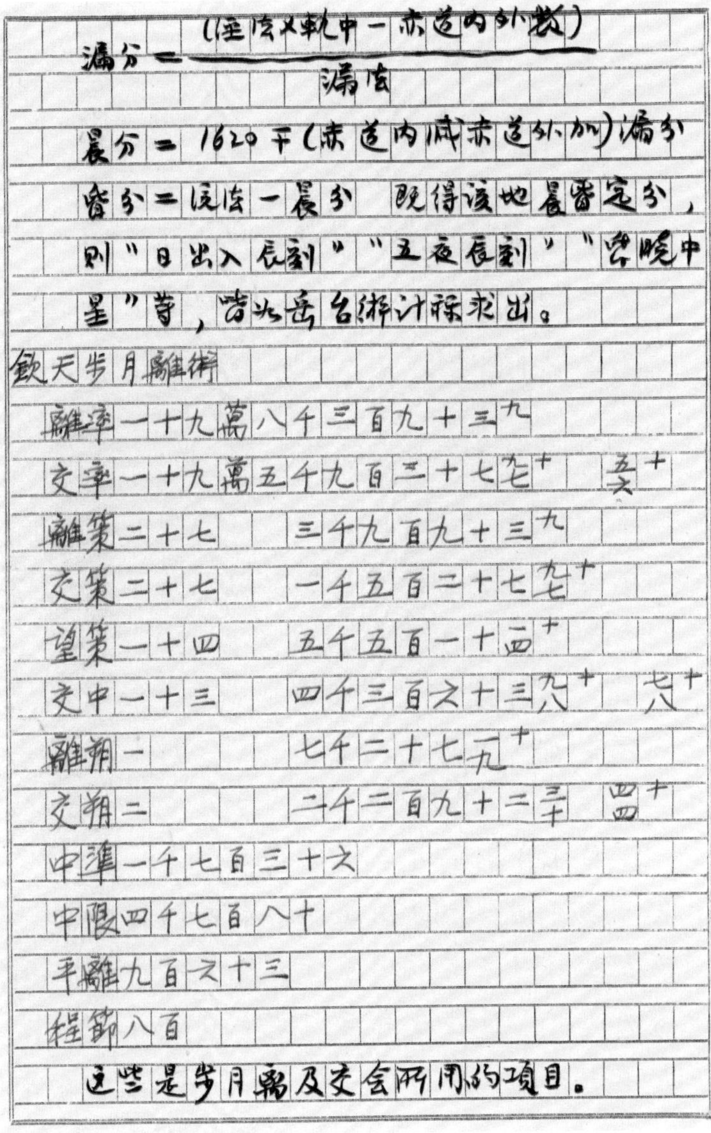

漏分＝(径法×軌中－赤道内外数)／漏法

晨分＝1620干(赤道内减赤道外加)漏分

昏分＝漏法－晨分　既得该地晨昏定分，则"日出入辰刻""五夜辰刻""昏晓中星"等，皆以岳台術计算求出。

欽天步月離術

離率一十九萬八千三百九十三 九

交率一十九萬五千九百二十七 九七十　五六十

離策二十七　三千九百九十三 九

交策二十七　一千五百二十七 九七十

望策一十四　五千五百一十四 十

交中一十三　四千三百六十三 九八十　七八十

離朔一　七千二十七 一九十

交朔二　二千二百九十二 三十　四四十

中準一千七百三十六

中限四千七百八十

平離九百六十三

程節八百

这些是步月離及交会所用的项目。

离率 $\frac{198393\frac{9}{100}}{7200}$ = 离策 27日 $\frac{3993.09}{7200}$，即迟疾历一周

交率 $\frac{195937.9756}{7200}$ = 交策 27日 $\frac{1537.9756}{7200}$

即交点月一周

朔策折半得望策　14日 $\frac{5510.14}{7200}$

交策折半得交中　13日 $\frac{4363.9878}{7200}$

朔策 − 离策 = 离朔 1日 $\frac{7027.19}{7200}$

朔策 − 交策 = 交朔 2日 $\frac{2292.32}{7200}$

中準 1736

中限 4780　计算日食之用

$\frac{平离\ 963}{程法\ 72}$ = 月平行 13°375

程节 800　疑为 248 之误文，刘义叟答欧阳修云"分月离为迟疾二百四十八限"。

用于月离入迟疾历分限。

求月离入历　求月离朓朒　求朔弦望定日　求朔望加时日度　求黄道正交月度　求九道宿次　求九道正交月度　求九道朔月度　求九道望月度　求月离午中入历　求晨昏月度

求晨昏象积　求每日晨昏月度

此处应有月离迟疾历表，已佚。

求月离入历　求月离入交　和大衍历步月离术及步交会术，求天正经朔加时入历分、天正经朔加时入交汎日等同。

求月离朓朒，置所求日入迟疾历分，以该日下日躔朓朒定数，朓减朒加之，程节除之。即

$$\frac{\text{入历分} \mp \text{日躔朓朒定数}}{\text{程节}} = \text{限数} + \text{余}$$

限余以程节为分母，故以限余乘所入月离限损益率，程节除之，将除得数，以损益其限下朓朒数，为月离朓朒定数。

求朔弦望定日，各置朔弦望入历分，以日躔月离朓朒定数，朓减朒加之，即得朔弦望定日定朔加时。若在日入后，则进一日，遇交会，得见蚀初者则不进。弦望加时，若在日未出，则退一日，望日晨遇交会得见蚀初者亦不退。若正月朔有交，亦如大衍历月离篇注所言。以消息定之，定朔干名与後同，则月大与后异则小。若天中气

则为闰。

求朔望加时日度　先以日躔月离朓朒定数，以朓减朒加日躔入历，得定朔加时入历。

统法：其日损益率＝定朔入历分：相当损益数

既得相当损益数，以之损益其下盈缩数，为盈缩定数。另以 $\frac{\text{定朔入历分}}{\text{通法}}$ ±(盈加缩减)盈缩定数＝朔望加时度。以冬至宿次为起标点。

求黄道正交月度　以统法乘朔交定日，後除之，即以 $\frac{254}{19}$×朔交定日＝月平行度×朔交定日＝朔入交度。故由：

朔加时日度－朔入交度＝朔前月离正交黄道月度。

求九道宿次　月道和黄道相交二点。一为正交，一为中交。交点经过一个交点月，约西移一度有奇。将黄道分为八节，每节设九限，一周天为72限。从正交点起限，分周天为八个九限。自正交至中交初平八。每限减一，尽九限，末平空。分限顺序，与前黄赤换标同。不同处，彼每限五度，此则每限为周天 $\frac{1}{72}$ 度。$\frac{周天}{72}=5^{\circ}$ 有奇，或用近似值计算，令每限为 5°，则

泛差 $=\frac{\alpha(85-\alpha)}{720}$，即前面黄赤换标公式。

黄道差在正交、中交前后各九限，等于距二至之宿限数×泛差/72，在半交前后各九限，等于距二分之宿限数×泛差/72。此差对于黄道加减，在冬至宿后，正交前后各九限为加，中交前后各九限为减。交点移动，正交后出黄道外，中交后入黄道内，则不变动。半交前后，各九限在春分之宿后，出黄道外；秋分之宿后入黄道内，皆以差加，及交点移过半周，入春分宿后，入黄道内；秋分宿后出黄道外，皆以差为减。

令 $\frac{泛差}{4}$ − 黄道差 = 赤道差。该差对于黄道加减，在正交中交前后各九限，以差为加；半交前后各九限，以差为减。以黄赤二差，加减黄道，得九道宿次，并可将分改标为少太半之数。

求九道正交月度　合所入限率×月离正

交黄道宿度及分/径法二设差。由前述方法求出黄赤道二差。然后令设差±黄赤二差，即得月离正交九道宿度。

求九道朔月度　以入交度±月离正交九道宿度，除以九道宿次起称点外，即得。

求九道望月度　令氣中±朔望加时日距之度＝加时气积　再令加时气积±其朔九道月度，除各以其道宿次为起称点外，即得。若自望求朔，亦用此法。

求月离午中入历　求午中入历，与夜半相差半日，故以朔望月离入历，加入半法，（即一日小余的半分）再减去"定分"，然后将日躔月离朓朒定数，朓减朒加。所得即为月离午中入历。定分即大衍历之转定分。"各以每日转定分，累加夜半月度，得其次各日夜半月度。"

求晨昏月度　参照大衍历求晨昏分法。

其日晨昏分−定分，在前；定分减其日晨昏分在后。以乘离程，即日月相去程。

$\frac{前或后}{7200}=\frac{前或后/72}{100}=$ 晨昏前后度。

以之前加后减"加时月度"，而得晨昏月度。

求晨昏象积　置本日的加时象积，以前一日象积，求得晨昏前后度，前减后加，又以后一日象积所得晨昏前后度，前加后减，得晨昏象积。

求每日晨昏月度　"累计距后象离度"即累计距后日后象积离度，亦即等差级数各项之和。以减晨昏象积，余为K，不足则反减之，余为-K。$\frac{\pm K}{距后象日数(次数)}$，

由$\frac{每日离度\pm K}{距后象日数}$=定度

以之累加晨昏月度，得每日晨昏月度。

求月去黄道度　求日月食限　求日月食甚加时　求日食常准　求日食定准　求日食分　求月食分　求日食泛用分　求月食泛用分　求日月初末加时定分　求亏食初起　求带食出入分　求食入更筹

这是推步交会术的各项目。

求月去黄道度　大衍历用三次差。本历相异。入交定日在交中以下，月行阳道，

棄去交中，而月入阴道，均由：

$\frac{(980-72\times\text{入交定日})72\times\text{入交定日}}{556}$ 命为分，再用乘法除为度。这是也即的相减相乘式，也即二次差的等差级数法。所求的月去黄道度，月行阳道为黄道外所去度；月行阴道为黄道内所去度。

求日月食限　先视入交定日入阳道，或阴道。若小于半交中，称为前交点的交后；若大于半交中，则由交中一入交定日相应度，称为后交点的交后。交前交后，均以气法7200通为距交分。在阳道合朔，距交分小于4319，或阴道合朔，距交分小于13783，皆入日食食限。若视望距交分小于6795，则不论阴道或阳道，皆月入食限。

求日月食甚加时定分　如定分大于半气法，由定分一半气法，如小于半气法，由半气法一定分，均等于距午分。更以$\frac{11\times\text{距午分}}{\text{气法}}$所得小于半气法，由半气法减所得；若大于半气法，由所得加半气法。求得朔定分，

称为日食加时定分。望用

$$\frac{(1620-\text{该望日的晨分})245}{313}$$

以减245，所得以损益望定分，得月食加时定分。

求日食常准　2513：中准＝赤道内外数：黄道出入食差　所得食差，乃由

$$\text{中准}\mp(\text{赤道内减赤道外加})\text{黄道出入食差}\times\frac{\text{半昼分}-\text{距午分}}{\text{半昼分}}=\text{日食常准}$$

求日食定准　置天正常朔日躔入曆，用经法72通之，便成为日躔入曆分。入曆分小于3287，由3287－入曆分为二至后；入历分大于3287，入历分－3287为二分前。入历分大于6574，由9861－入历分为二分后，大于9861，由入历分－9861，为二至前。以上四个减余数，各以三除，由$2772\pm$(二至前后减二分前后加)减余数/3，以为黄道斜正食差，再用距午分乘，半昼分除斜正食差，加入常准，得日食定准。上三项，和宣明曆日食三差相似，只将用数及计算法稍改动而已。

求日食分　以中限±定準为阴道定準或阳道定限(+阴−阳)。若不足减，由定準−中限为限外分，另视阴道距交分。若在阴道定準以上，阳道定限以下，为阴道食。令定限−距交分=距食分。若距交分在定準以下，阴道可视为阳道食，加入阳道定限为距食分。在限内分，减去限外分为距食分。不足减者不食。若阳道距交分，在阳道定限以下，为入定食限，由阳道定限−距交分为距食分。令$\frac{\text{各距食分}}{478}$=日食大分+小分。大分以十为限，小分以半及强弱名。

求月食分　视望距交分，若小于中準，月食皆既；大于中準，由入定食限−距交分为距食分。$\frac{\text{距食分}}{526}$=月食之大分+小分，命大分以十为限，小分以半及强弱。

求日食泛用分　若距食分>1912，则

$$\text{泛用分}=647-\frac{(4780-\text{距食分})^2}{63272}；$$

距食分>956，则

$$\text{泛用分}=517-\frac{(1912-\text{距食分})\text{通法}}{735}；$$

若距食分>956，则

泛用分$=387-\frac{(距食分)^2}{2362}$。

求月食泛用分　距食分>2104，则

泛用分$=711-\frac{(5260-距食分)^2}{69169}$

距食分>1052，则

泛用分$=567-\frac{2140-距食分}{7}$；

距食分<1052，则

泛用分$=417-\frac{(1052-距食分)^2}{2654}$

求日月初末加时定分

日月食日的距程：平离=泛用分：定用分

由朔望分－定用分=亏初加时常分，

由朔望定分＋定用分=復末加时常分；

然后将这两常分，以求食甚加时定分时的朔望定分，如食甚术程求之，得亏初复末各加时定分。各以辰除初、末、甚三者，加时定分为辰，及逕法除为刻，各得初、末、甚的时刻。

求亏食所起。自景初历以来，对于亏食所起均有论述，本历独详。常数而言，日食起亏自西，月食起自東。若食分少而月行阳道，则日食偏南起亏，月食偏北起亏；阴道反是。若值立春后立夏前而食分多，则日食偏南，月食偏北；立秋后立冬前而食分多，相反。这是由于黄道斜正之故。在阳道交前阴道交后而食分多，则日食偏南，月食偏北；在阳道交后阴道交前而食分多，相反。这是由于九道斜正之故。黄道比常数所偏差少，九道比黄道所偏四分之一。此据午正言之，若午前午后偏南偏北及由消息所食分数多，以定初末甚所方向，各得亏食所起。

求带食出入分　若出入分大于亏初加时定分，小于复末加时定分，且出入在亏初复末中间，即带食出入。若食甚在日出入分以下，设带食差＝复末定分－出入分。若在以上，则带食差＝出入分－亏初定分。令 $\frac{\text{带食差}\times\text{距食分}}{\text{定用分}}=K$。日食则 $\frac{K}{478}$，月食 $\frac{K}{526}$，均为带食大分，余为小分。

求食入更筹　若月食时初、甚、末定分小于晨分，为各定分相应时刻。天明以前晨分加之。相应时刻为自昏时至初甚未时间，若大于昏分，则由初甚未定分一昏分，相应时刻即前半夜。此二例：更用分除为更数，除出小数，用筹用分除为筹数。所谓更筹二用分，古历以每夜全刻相应为小时，以5除为更用分，以每一更所伦时分分为五筹，为筹用分，因得食入更筹。

欽天步五星術

歲星

周率二百八十七萬一千九百七十六六

变率二十四萬二千二百一十五六十六

歷率二百六十二萬九千七百六十一七十八

周策三百九十八　六千三百七十六六

歷中一百八十二　四千四百八十六十九

$$\frac{\text{周率}}{\text{通法}}=\frac{2871976.06}{7200}=\text{周策}\ 398^{\text{日}}\frac{6376.66}{7200}$$

变率 242215.66　和大衍歷变差相类

歷率、歷中　五星数值，略同。均为星行入歷用数。

變段	变日	变度	变歷

晨見	一十七	三三十七	二二十四
順遲	二十五	二九	一三十九
退遲	一十四	一二十二	空二十八
退疾	二十七	四三十八	一三十七
後留	二十六三十三		
順疾	九十	一十六六十三	一十一二十三
順疾	九十	一十六六十三	一十一二十三
前留	二十六三十三		
退疾	二十七	四三十八	一三十七
退遲	一十四	一二十二	空二十八
順遲	二十五	二九	一三十九
夕伏	一十七	三三十七	二二十四

这四项目为歲星推步分段。分日分度分入曆之用。歲星分段，有晨見夕伏二段，前后順疾遲四段，前后留二段，前后退遲二段，前后退疾二段，均各对称。其所經过变日为33日.64，其所經度数，順退相消为33°.18，其所入曆度，即实度的总和为32°.62。

熒惑

周率五百六十一萬五千四百二十二 二十

變率二百九十八萬五千六百六十一 七十二

曆率二百六十二萬九千七百六十

周策七百七十九 六千六百二十二 二十

曆中百八十二 四千四百八十

變段	變日	變度	變曆
晨見	七十三	五十三 六十八	五十 五十八
順疾	七十三	五十一 一	四十八 三
次疾	七十一	四十六 六十九	四十四 二十七
次遲	七十一	四十五 三十三	四十二 五十八
順遲	六十二	一十九 二十九	一十八 二十
前留	八 六十九		
退遲	一十	一 五十八	空 四十四
退疾	二十一	七 四十六	二 四十
退疾	二十一	七 四十六	二 四十
退遲	一十	一 五十八	空 四十四
後留	八 六十九		
順遲	六十二	一十九 二十九	一十八 二十
次遲	七十一	四十五 三十三	四十二 五十八
次疾	七十一	四十六 六十九	四十四 一十七

順疾	七十三	五十一	四十八三
夕伏	七十三	五十三六十八	五十五十八
鎮星			
周率	二百七十二萬二千一百七十六九十		
變率	九萬二千四百一十六五十		
厤率	二百六十二萬九千七百五十九分		
周策	三百七十八	五百七十六九十	
厤中	一百八十二	四千四百七十九九十	
變段	變日	變度	變厤
晨見	一十九	二七	一十四
順疾	六十五	六三十八	三五十二
順遲	一十九	空六十三	空三十五
前留	三十七三		
退遲	一十六	空四十三	空一十四
退疾	三十三	二三十五	空六十
退疾	三十三	二三十五	空六十
退遲	一十六	空四十三	空一十四
後留	三十七三		
順遲	一十九	空六十三	空三十五
順疾	六十五	六三十八	三五十二

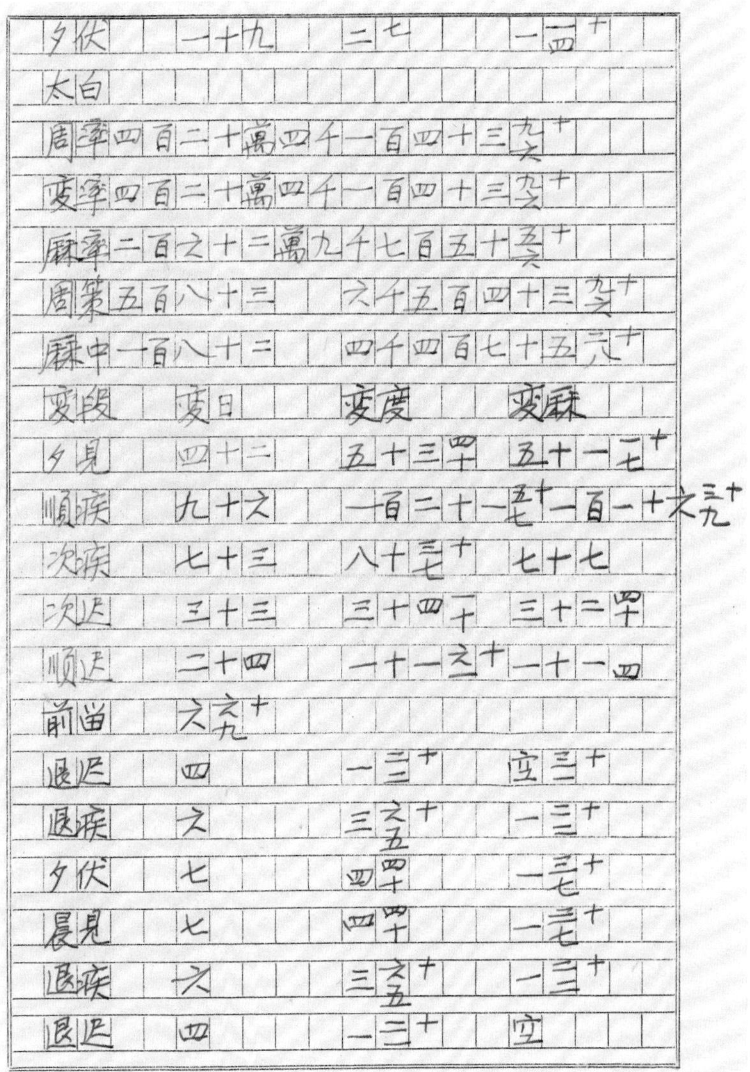

夕伏	一十九	二 七	一 一十四
太白			
周率	四百二十萬四千一百四十三 九十六		
變率	四百二十萬四千一百四十三 九十六		
麻率	二百六十二萬九千七百五十 五十六		
周策	五百八十三	六千五百四十三 九十六	
麻中	一百八十二	四千四百七十五 六十八	
變段	變日	變度	變麻
夕見	四十二	五十三 四十	五十一 一十七
順疾	九十六	一百二十一 五十七	一百一十六 三十九
次疾	七十三	八十 三十七	七十七
次遲	三十三	三十四 一十	三十二 四十
順遲	二十四	一十一 六十一	一十一 四
前留	六 六十九		
退遲	四	一 三十二	空 三十二
退疾	六	三 六十五	一 三十二
夕伏	七	四 四十	一 三十七
晨見	七	四 四十	一 三十七
退疾	六	三 六十五	一 三十三
退遲	四	一 三十二	空

後留	六 六十九	二十一 三十六	
順遲	二十四	一十一 六十二	一十一 二十四
次遲	三十三	三十四	三十二 四十
次疾	七十三	八十 三十七	七十七 一
順疾	九十六	一百三十一 五十七	一百一十六 三十九
晨伏	四十二	五十三 四十	五十一 一十七
晨星			
周率	八十三萬四千三百三十五 五十三		
變率	八十三萬四千三百三十五 五十三		
厤率	二百六十二萬九千七百六十 四十四		
周策	一百一十五	六千三百三十五 五十三	
厤中	一百八十二	四千四百八十 三十二	
變段	變日	變度	變厤
夕見	一十七	三十四 一	二十九 五十四
順疾	一十一	一十八 二十四	一十六 四
順遲	一十六	一十一 四十三	一十 一十
前留	二 六十八		
夕伏	一十一	六	二
晨見	一十一	六	二
後留	二 六十八		

顺迟	一十六	一十一 三四十	一十一十
顺疾	一十一	一十八 二四十	一十六 四
晨伏	一十七	三十四 一	二十九 五四十

求中日中星　求入历　求先后定数　求常日定星　求盈缩定数　求定日　求入中节　求平行分　求初末行分　求初行夜半宿次　求定日昏后夜半宿次

求中日中星　以岁率乘距元年，即气积，得距元积日分，以星率除之，得周数，亦即合数，有除不尽数，以其最后合为天正中气前合，将不尽数以减岁率，最后合为前年天正中气后合。不足减，须加岁率以减之，其合为次前年天正中气后合，以统法除为日为度，得所求各平合中日中星。

置平合中日，逐段"变日"横栏日数累加之，得逐段中日。置中星，逐段变度横栏度数顺加退减，得逐段中星。惟金水二星，在夕伏晨见段，皆係退变。

求入历，以（周率×变率－历率若干倍）/统法＝度数。

度数小於历中，则为先；大于历中，则以

曆中減度数为后，得平合入曆。更以逐段变曆横桶度数累加之，得逐段入曆。

求先后定数，置 $\frac{(\text{各段入历分}\times\text{相应度的损益率})}{\text{通法}}=K$，由表内先后数 $\pm K$，得先后定数。

求常日定星　置各段中日中星 $\pm$（先加后减）相应日的先后定数。每段则用前段先后定数。金星在顺伏見及前顺疾次疾后次迟次疾各段。水星在顺伏見及前疾后迟各段均由中日中星 $\mp$（先减后加）先后定数，加減讫，即各得其所常日定星，将其年天正中气日躔黄道宿度，加入於常日定星，得逐日末日加时宿度。

求盈缩定数，如所求得的常日，小于岁中则在盈历，大于岁中则用岁中减常日，即入缩曆。置所入盈缩曆分，用比例法：

通法：其日损益率＝历分：相当损益率 L

以 L 损益其日初盈缩数，得盈缩定数。

求定日，用其所得盈缩定数，盈减缩加常日，得定日，並以其年天正二气（即十一月中节气）加而命之，即得逐段末日加时日辰。

求入中节，以 $\frac{定日}{气策}$ =除得数+馀。其剩馀命以冬至为起标点外，即其入某气日数及馀。

求平行分，以前段定日减本段定日命为日率，以前段定星，减本段定星，命为度率。先以强法通度率，又以强法通日率，以后者除前者为平行分。

求初末行分，命 $\frac{(近伏段平行分+伏段平行分)}{2}$ =其段（指近伏段）近伏行分又命平行分－（近伏行分－平行分）=2×平行分－近伏行分=其段近伏行分。因近留段无近留行分，令2×平行分=其段（指近留段，其馀仿此）近留行分。在不近伏留段，令顺行二段平行分相加折半，等于前段末日行分，同时，与等于后段初日行分。令各与其段平行分相减，如平行分多，加平行分，平行分少，则减平行分，皆可为前段初日行分，及后段末日行分。这是应用递减递加差及数的计算过程。其不近伏留段而退行，根据相反的理由，以迟段近日疾行分，为疾段近迟行分。所得与平行分相减。平行分多则加，少则减，为近迟行分。

求初行夜半宿次

$$\frac{(\text{经法}-\text{前段末日加时分})\text{前段末日行分}}{\text{经法}}=K$$

前段末日加时宿度 $\pm$ (顺加退减) $K=$ 某段初行昏后夜宿度

求每日行分　令初日行分和末日分相减，(初减末，或末减初)为差率。

$$\frac{\text{差率}}{\text{自本段初行昏后夜半距后段初行昏后夜半日数}}=\text{日差}$$

初末行分 $\pm$ (多减少加) 半日差 $=$ 初末定行分

置初日定行分 $\pm$ (末多累加，末少累减) 日差 $=$ 每日行分

初行昏后夜半宿度 $\pm$ (顺加退减) 每日行分为每日昏后夜半星所在宿度。

求定日昏后夜半宿度

初日行分 $\pm$ (末多加，末少减) 自初日累计距所求日数 $\times$ 本段日差 $=$ 某日行分

本段初日行昏后夜半宿次 $\pm$ (顺加退减) 所累计日 $\times\dfrac{\text{某日行分}+\text{初日行分}}{2}$，得定日昏

后夜半宿次。

步发敛术

候策 卦策 外策 维策 气盈 朔虚

这些项目，沿用大衍历。候策即"天中之策"，卦策即"地中之策"，外策即"贞悔之策"，维策即"土王用事"。气盈朔虚即沿其名。各项计算相同，无烦重述。

气候图 爻象图 七十二候 六十四卦 五行用事 没日灭日

气候图载每一中气，或节气各分为初候、次候、末候。例如：冬至初候为"蚯蚓结"，其它仿此。 爻象图用四正卦：坎、震、离、兑六爻，分配于廿四中节气。例如：坎卦六爻分配于冬至惊蛰六气，以下仿此。復自冬至顺次经每一中节，分配于公、辟、侯、大夫、卿五卦，共六十卦。侯又分为内外二卦，成七十二卦，和七十二候相应，皆包括于大衍历的七十二候表内。 五行用事和大衍历同。 没日若中节分，亦即恒气小余。在统法－气盈＝5626.65以上，以减统法，减馀为K，有没分则K值小于气盈。由：

$$\frac{\frac{K}{\text{气盈}}\times\text{统法通气策}}{\text{统法}}=\frac{K\times\text{气策}}{\text{气盈}}$$

将其数加其气命之，即得没日。

求灭日　月常朔分，即常朔小馀小于朔虚，为有灭之分。用K表之，由

$$\frac{K\times\text{朔策}}{\text{朔虚}}=\text{灭日的统法分}$$

故以统法除，而加其朔而命之，即所求的灭日。

宋周琮明天麻資料

明天麻術 義略 論麻

宋史律麻志

十一

明天厤

崇天厤行之，至于嘉祐之末。英宗卽位，命殿中丞判司天監周琮及司天冬官正王炳丞王棟主簿周應祥周安世馬傑靈臺郎楊得言作新厤，三年而成。

琮言舊厤氣節加時，後天半日，五星之行，差半次，日食之候差十刻。

既而司天中官正舒易簡与監生石道李遘更陳家學，於是詔翰林學士范鎮，諸王府侍講孫思恭，國子監直講劉攽考定是非。上推尚書辰弗集于房，与春秋之日食，參今厤之所候，而易簡、道遘等所學，疏闊不可用。新書爲密，遂賜名明天厤。詔翰林學士王珪序之，而琮亦爲義略，冠其首。今紀其厤法于後。

調日法　朔餘、周天分、斗分、歲差、日度母附。

造厤之法，必先立元。元正然後定日法，法定然後度周天，以定分至。三者有程，則厤可成矣。

造厤的方法，先立厤元。厤元正然後定日法；日法定然後可以度量周天，以定春秋分、夏冬至。這三項目有了程序，厤就造成。

日者積餘成之；度者積分成之。蓋日月始離，初行生分，積分成日。

所謂日，就是積餘所成；所謂度，就是積分所成。因為日月在天运行，速率不同，由合而離，由離生分，積分然後成日。

自四分厤洎古之六厤，皆以九百四十為日法，率由日行一度，經三百六十五日四分之一，是為周天。月行十三度十九分之七，經二十九日有餘，與日相会，是為朔策。史官當会集日月之行，以求合朔。

自漢四分厤到古六厤，都以940為日法。那時大家以為日每日行一度，經365日又$\frac{1}{4}$日，而行一周天。月每日行13度又$\frac{7}{19}$，經29日餘，而後和日相会。称為朔策。

當時史官実測日月会集的运动，以定合朔日程。

自漢太初至于今，冬至差十日。如劉歆三統，復强於古，故先儒謂之最疎。後漢劉洪考驗四分，於天不合，乃減朔餘，苟合時用。自是已降，率意加减，以造日法。

自漢太初，以至今日，冬至已差十日之多。如刘歆的三统厤，所定的日法和歲周，比古四分厤還多；所以先儒都说它最疏。後漢刘洪，根据实测，来检验四分厤，觉察到和天体运行不符，於是减少朔餘，遷就時用。自後厤家，学他，任意加减，以造日法。

宋世何承天更以四十九分之二十六爲強率，十七分之九爲弱率。於強弱之際，以求日法。承天日法七百五十二，得一十五強一弱，自後治厤者，莫不因承天法，累強弱之數，皆不悟日月有自然合會之數。

刘宋何承天遂立強弱二率，以$\frac{26}{49}$爲強率，以$\frac{9}{17}$爲弱率。用调剂強弱二率，以定日法。何承天日法爲752，其中15強，1弱。後来厤家，都是继承承天的调日法，累強弱之数，以求日法，都不理解日月运行有它客观的自然合会之数。

今稍悟其失，定新厤以三萬九千爲日法，六百二十四萬爲度母，九千五百爲斗分，二萬六百九十三爲朔餘，可以上稽於古，下驗於今。反覆推求，若應繩準。

明天厤稍悟其失，以3900爲日法，6240000爲度母，9500爲斗分，20693爲朔餘。可以古今反復推求，都是符合標準的。

又以二百三十萬一千爲月行之餘，月行十三度之餘 以一百六十萬四百四十七爲日行之餘，日行周天之餘 乃会日月之行，以盈不足平之，并盈不足是爲一朔之法，日法也，名元法 今乃以大月乘不足之數，以小月乘盈行之分，平而并之，是爲一朔之實，周天分也 以法約实，得日月相会之數，皆以等數約之，悉得今有之數。盈爲朔虚，不足爲朔餘。又二法相乘爲本母，各母互乘，以減周天，餘則歲差生焉。

又以2301000為月行13度的餘數，以1600447為日行周天的餘數。会集日月行度，以朔虚的盈，朔餘的不足，平之。盈和不足，相加，即為一朔的月法，即元法。又以

大月日数×朔餘＋小月日数×朔虚＝朔实

$\frac{\text{朔实}}{\text{月法}}$＝日月相会的合朔日数及餘

160×歲周14244500＝2279120000　以减周天2279200447得歲差80447。

亦以等數約之，即得歲差、度母、周天實用之數。此之一法，理極幽賾，所謂反覆相求，潛遁相通，数有冥符，法有偶会，古曆家皆所未達。

以等數約之，得三萬九千爲元法，九千五百爲斗分，二萬六百九十三爲朔餘，六百二十四萬爲日度母，二十二億七千九百二十萬四百四十七爲周天分，八萬四百四十七爲歲差。

以上各數，都用最大公约數（即等數）约之，得元法 39000，斗分 9500，朔餘 20693，日度母 6240000，周天分 2279200447，歲差 80447，歲差度母 6240000=160×39000 皆古厤所未知。因云："反覆相求，潛遁相通，數有冥符，法有偶会。"

歲餘九千五百 古厤曰斗分

古者以周天三百六十五度四分度之一，是爲斗分。夫舉正於中，上稽往古，下驗當時，反覆參求，合符應準。然後施行于百代，爲不易之術。自後治厤者，測今冬至日晷，用校古法，過盈以萬爲母，課諸氣分率二千五百以下，二千四百二十八已上，爲中平之率。新厤斗分九千五百，以萬乎之，得二千四百二十五半，盈得中平之數也。而三萬九千年，冬至小餘成九千五百日，游朔實一百一十五萬一千六百九十三年，齐于日分而氣朔相会。

次论歲餘。

古时定周天為 365°本，将四分度之一，称為斗分。所谓：举正於中，就是将天正中气，放在歲首正位。用以上稽古代，下验当时。反覆推求，符合应準。然後可以施行于百代而不易。

自厤家測冬至日晷，和古法相较，採用约分法，遇過盈则以万為母，在十五日以外，课諸氣分，其率在 2500 以下，2428 以上，为中平率。新厤定斗分，即歲餘為 9500，用约分法以万平之，得 2425.5 適合中平率。

故在 3900 年，冬至小餘成 9500 日，而朔实满 1151693 年，则日分齐而气朔相会。

歲周一千四百二十四萬四千五百，以元法乘三百六十五度，内斗分九千五百，得之，即為一歲之日分，故曰：歲周。

差以二十四均之，得一十五日，餘八千五百二十，秒一十五，為一氣之策也。

次論歲周。

新厤定歲周 1424万4500，此数由：

元法 $39000 \times 365° + 9500 = 14244500$

即一歲的日分，称为歲周。

以 24 均分之，得 15日，餘 8520，秒 15，

为一氣之策。

朔實一百一十五萬一千六百九十三，本会日月之行，以盈不足平而得二萬六百九十三，是謂朔餘。

備在调日法術中。

是則四象全策之餘也。今以元法乘四象全策，二十九總而并之，是爲一朔之實也。古麻以一百萬平朔餘之分，得五十三萬六百以下，五百七十以上，是爲中平之率。新麻以一百萬平之，得五十三萬五百八十九，得中平之數也。

若以四象均之，得七日餘一萬四千九百一十三秒，是爲弦策也。原文疑有脱误

次論朔实。

新麻定朔实為 1151693，原是会集日月行度，以盈不足平均相加，得朔餘 26093。

详细说在调日法術中。

這是上下弦及望至次朔四象全策的餘數。今以元法乘四象全策，加入全策的餘数，即得一朔之实。若用古麻以百萬，除朔餘分，得 530600 以下，在 570 以上。為中平率。新麻用百萬除得 530589，這得中平數。

若以四象均分之，得 7日餘 14923，秒 25，就是弦策。

中盈朔虛分闰餘附　日月以会朔為正，氣序以斗建為中，是故氣進而盈分存焉。置中節兩氣之策，以一月之全策，三十減之，每至中氣，即一萬七千四十，秒十二，是為中盈分。朔退而虛分列焉。置一月之全策三十，以朔策及餘減之，餘一萬八千三百七，是為朔虛分，綜中盈、朔虛分而闰餘章焉。

闰餘三萬五千三百四十五，秒一十三。

從消息而自致，以盈虛名焉。

次論中盈朔虛分。附闰餘

日月運行，以交会合朔為正；中氣序列，以斗建所指為中。故往过一中气即有盈分存在。即用

$$中節两气策-一月全策30日=\frac{17040\frac{12}{18}}{39000}$$

分子17040，秒12，称為中盈分。

日月每次合朔，大於29日，小於30日。所谓：“朔退而虛分列焉”。即用

$$一月全策30日-朔策及朔餘=\frac{18307}{39000}，$$

分子18307，称為朔虛。再由：

$$中盈分+朔虛分=35347\frac{2}{3}$$

即為一个月的闰分。所谓：“綜中盈、朔虛分，而闰餘章焉。”

紀法六十，易乾象之爻九，坤象之爻六，震坎艮象之爻皆七，巽離兑象之爻皆八，綜八卦之數，凡六十又六旬之數也。紀者終也，數終八卦，故以紀名焉。

次論紀法。

大衍曆曆本議説：易經乾卦的陽爻爲九，坤卦的陰爻爲六，震坎艮三卦象的爻皆七，三七得二十一；巽離兑三卦象的爻皆八，三八得二十四。四數相加得六十，即綜八卦之數爲六十，或六旬之數。紀有終義，數終八卦，故以紀法名之。

天正冬至大餘五十七，小餘一萬七千。先測立冬晷景，次取測立春晷景。取近者通計半之，爲距至汎日，乃以晷數相減，餘者以法乘之，滿其日晷差而一，爲差刻，乃以差刻，

求冬至視其前晷多則爲減，少則爲加，求夏至者反之。

加減距至汎日，爲定日，仍加半日之刻，命從前距日辰算外，即二至加時日辰及刻分所在，如此推求，則加時與日晷相協。今須積歲四百一年，治平元年甲辰歲氣積年也。則冬至大小餘与今適会。

次論天正冬至。

按時厤攷卷一載有："宋皇祐间周琮取立冬、立春二日之景，以為去至既遠，日差頗多。"皇祐為宋仁宗年号，距英宗治平元年，在十年以上，十五年以下，琮即在此五年间，测取冬至晷景。因此这里琮说：定天正冬至大餘五十七，小餘一万七千。先测立冬晷景，次取立春晷景，取相距日数折半，称為距至汎日，乃以两晷景数相减，餘用100乘之，除以折半日的相連二日之晷景差，称為差刻。乃以差刻加/减距至汎日，

求冬至前晷多為减，少為加；求夏至则反是。參攷按時厤厤議驗气篇说明。

為距至定日，仍加入半日刻数，除命前距日辰為起标点外，即得二至加時日辰及刻分。这样推求，则加時和日晷数，互相协和。符合積歲401年為氣積年，（治平元年甲辰歲，適合此年。）则所確定的冬至大小餘，和現在適相会。

天正經朔大餘三十四，

小餘三萬一千，闰餘八十八萬三千九百九十。此乃檢括日月交食加時早晚而定之，損益在夜半後，得戊戌之日，以方程約而

齊之。今須積歲七十一萬一千七百六十一。

治平元年甲辰歲朔積年也。

則經朔大小餘與今有之數，偕閏餘而相会。

次論天正經朔。

所定經朔大餘34，小餘31000，閏餘883990，這些數值是檢括日月交食加時早晚，始行決定，而且經損益後已越過夜半时候，"以方程约而举之"，得戊戌日。今由上元甲子歲至治平元年，共得711761年，適為朔積年。現在需要積此年数，則所定經朔大小餘，和現有数，都同閏餘而相会。

日度歲差八萬四百四十七，書舉正南之星，以正四方。蓋先王以明時授人，奉天育物，然先儒所述，互有同異。虞喜云，堯時冬至，日短星昴，今二千七百餘年，乃東壁中，則知每歲漸差之所至。又何承天云，堯典日永星火，以正仲夏，宵中星虛，以正仲秋。今以中星校之，所差二十七八度，即堯時冬至日在須女十度，故祖沖之脩大明厤，始立歲差率，四十五年九月却一度。虞鄺劉孝孫等因之，各有增損，以創新法。

若從虞喜之驗昴中，則五十餘年日退一度，若依承天之驗火中，又不及百年，日退一度，後皇極綜兩厤之率，而要取其中，故七十五年而退一度。此乃通其意，未盡其微。今則別調新率，改立歲差，大率七十七年七月日退一度，上元命於虛九，可以上覆往古，下逮於今。自帝堯以來，循環考驗，新厤歲差，皆得其中，最為親近。

次論日差歲差。

明天厤歲差規定為 80447，尚書堯典举正南的中星，以正四方。寓有明時授人及奉天育物的深意。然先儒所述，互有同異。虞喜说：現今距堯時冬至，日短星昴，已二千七百餘年。这时正南的星，乃東壁中，知為每歲漸差所致。何承天说：今以中星校堯時："日永星火，以正仲夏；宵中星虛，以正仲秋。"已相差十七八度，這就表明堯時冬至日在須女十度，所以祖冲之修大明厤始創立歲差，定径过四十五年又九月，日退却一度。虞鄺、刘孝孫等沿用之，各有增損，設立新说。若從虞喜以昴中為準，則径五十餘年，日須退一度。若從何承天以火中為準，则不到百年，日退一度。刘焯造皇極厤，乃折取两说中数，令七十五度年而退一度，這是会通其意，但数值还未精確。現在別創新率，設置歲差，大约七十七年又七月，日退一度。上元命起虚宿九度，可以用它上推往古，下逮今代，用這歲差，考驗帝堯以来中星，皆得其中，最為密近。

周天分二十二億七千九百二十萬四百四十七，本齊日月之行会合朔而得之。在调日法使上考仲康房宿之交，下驗姜岌月食之衝，三十年间，若應準繩，則新厤周天，有自然冥符之數，最為密近。

次論周天分。

明天厤規定周天分 2279200447，乃由统一日月行会合朔日数的最小公倍数来的。所以，用它上推古经所说仲康房宿的交会，下驗姜岌月食之衝，新厤所定的周天分，符合客观實际，最為相近。

日躔盈缩定差，張胄玄名損益率曰盈縮數。刘孝孫以盈缩數為朓朒積。皇極有陟降率遲疾数。麟德曰先後盈缩数。大衍曰損益朓朒積。崇天曰損益盈缩積。

所謂古麻平朔之日，而月或朝覿東方，夕見西方，則史官謂之朓朒。今以日行之所盈縮，月行之所遲疾，皆損益之。或進退其日，以為定朔，則舒亟之度，乃势数使然，非失政之致也。新麻以七千一為盈缩之極。其数与月離相錯，而損益盈縮為名，則文約而義見。

次論日躔盈缩定差。

日躔盈缩定差，各家名称不一。張胄玄以增益率為盈缩数。刘孝孫以盈缩数為朓朒積。皇極麻有陟降率、遲疾数。麟德麻則称為先後盈缩数。大衍麻称為損益朓朒積。崇天麻称為損益盈缩積。這些名称，根据古麻所謂平朔之日，而月朝見東方，或夕見西方，史官称為朓朒。今以日行盈缩，月行遲疾，計补損益，以進退其日，以為定朔。可知日月行度的舒急，是天体的自然运行，並非人君失政所致。明天麻用7001為盈缩極数，和月離交錯计补，即以損益盈缩為名，則文字归於简约，而含義却甚明顯。

升降分皇極躔衰有陟降率，麟德以日

日景差陟降率，日晷景消息爲之，義通軌漏。夫南至之後，日行漸安升，去極近，故晷短而萬物皆盛。北至之後，日行漸降，去極遠，故晷長而萬物寖衰。自大衍以下，皆從麟德。今麻消息日行之升降積，而爲盈縮焉。

关於升降分，皇極麻躔差有陟降率，麟德麻用日景差陟降率，日晷景消息代之，含義和晷漏相通。大抵日南至後，行度漸升，去極近，故晷漸短而萬物皆壯盛。日北至後，行度漸降，去極远，故晷漸长而萬物衰落。自大衍麻以下皆從麟德麻命名。新麻則以消息日行的升降積，以爲盈縮焉。

赤道宿 疑脱度字 漢百二年，議造麻，乃定東西，立晷儀，下漏刻，以追二十八宿，相距於四方，赤道宿度，則其法也。

次論赤道宿度。

漢興百二年，議造太初麻，乃定東西向，立晷儀，下漏刻，以記録二十八宿四方的距度，赤道宿度就是用這方法得到的。

　　　　　　　　　　　　　　　　　　　　　　　　　　　湖定

其赤道斗二十六度及分，牛八度，女十二度，虛十度，危十七度，室十六度，壁九度，奎十六度，婁十二度，胃十四度，昴十一度，畢十六度，觜二度，參九度，井三十三度，鬼四度，柳十五度，星七度，張十八度，翼十八度，軫十七度，角十二度，亢九度，氐十五度，房五度，心五度，尾十八度，箕十一度，自後相承用之。至唐初李淳風造渾儀，亦無所改。開元中浮屠一行作大衍厤，詔梁令瓚作黃道游儀，測知畢觜參及輿鬼四宿，赤道宿度与旧不同。畢十七度，觜一度，參十度，鬼三度。自一行之後，因相沿襲，下更五代，無所增損。

它测定赤道，斗二十六度及分，牛八度，……箕十一度，自此以后，各代沿用。唐初李淳风造渾儀，無所更改。開元中僧一行作大衍厤时，詔梁令瓚作黄道游儀，测知畢為十七度，觜一度，参十度，鬼三度，四宿赤道宿度，和旧测不同。一行以後，经过五代，都因相沿用，没有增損。

至仁宗皇祐初，始有詔造黃道渾儀鑄銅爲之。自後測驗赤道宿度，又一十四宿与一行所測不同。

斗二十五度，牛七度，女十一度，危十六度，室十七度，胃十五度，畢十八度，井三十四度，鬼二度，柳十四度，氐十六度，心六度，尾十九度，箕十度。

至宋仁宗皇祐间，始用鑄銅，造黄道渾儀，測驗赤道宿度，又有十四宿和一行所測的不同。(即二十五度，牛七度，……箕十度。)

蓋古今之人，以八尺圓器，欲以盡天体，決知其難矣。又況圖本所指距星，傳習有差，故今赤道宿度，与古不同。自漢太初後至唐開元治麻之初，凡八百年间，悉無更易。今雖測驗与旧不同，亦歲月未久。新麻兩備其數，如淳風從舊之意。

這因古今麻家，欲憑八尺的圓器，以尽天体，是不可能的。(或作：是有困難的。)何況圖本所指的距星，往往傳習有差，故今時赤道宿度和古時不同。自漢太初，迄唐开元一行治麻，相距八百年，没有更改。現在測驗，发見与旧不同；然歲月未久。新麻因此兩存其數，也如李淳风守旧的意思。

月度轉分，洪範傳曰：晦而月見西方謂之朓，月未合朔在日後，今在日前太疾也。朓者人君舒緩，臣下驕盈專權之象。朔而月見東方謂之側匿，合朔則月与日合。今在日後太遲也。側匿者，人君嚴急，臣下危殆恐懼之象。盈則進，縮則退，躔離九道，周合三旬。考其變行，自有常數。傳稱人君有疾舒之變，未達月有遲速之常也。

次論月度轉分。

尚书洪範传说：過晦日，而月見西方，称為朒。這時候尚未合朔，月应在日後，今在日前，是月行太疾。因之，称之為朒；這是人君舒緩，臣下驕盈專權的象徵。在朔日，而月見東方，称為側匿。合朔时应该月与日合，今在日後，是月行太遲。称為側匿，這是人君嚴急，臣下危殆恐懼的象徵。日在盈曆則进，在縮曆則退。日躔、月離在黄白道上，不及三十日，会合一次。推究它的变行所在，自有一定的常数。洪範传说：这是人君有疾舒之变，那是不懂月行有迟速的行度常数啊。

周琮這段議論，是含有自发的樸素的唯物主義的。

後漢劉洪粗通其旨，爾後治曆者多循舊法，皆考遲疾之分，增損平会之朔，得月後定追及日之際，而生定朔焉。至於加時早晚，或速或遲，皆由轉分強弱所致。舊麻課轉分，以九分之五為強率，一百一分之五十六為弱率，乃於強弱之際，而求秒焉。新麻轉分二百九十八億八千二百二十四萬二千二百五十一，以一百萬平之，得二十七日五十五萬四千六百二十六，最得中平之數。舊麻置日餘，而求朓朒之數。衰次不倫。今從其度，而遲疾有漸，用之課驗，稍符天度。

後漢刘洪作乾象麻，稍稍理解這个道理，創設迟疾麻，以后麻家，多沿用其法，推究迟疾的月行分，以增損平朔，使月追及日，而生定朔。至於加時或早或晚，或迟或疾，則和轉分的強弱有关。旧麻討論轉分，以 $\frac{5}{9}$ 為強率，$\frac{56}{101}$ 為弱率，在強弱的中间，而求其率。新麻规定轉分為 29882242251，用轉法 1084473000 除之，得 27日554626 為中平数。旧麻由日餘，而求朓朒数，對於差次，不能符合。今現在採取的度，迟疾有漸；這样施於課驗，稍稍符合天度。

朱文鑫说：琮以傳法，约轉中分，而得轉日，与诸麻不同，亦小变其法矣。但其所得数，更疏於乾元，爲大明以來所未有。

轉度母 轉法会周卅 本以朔分，并周天，是爲会周。一朔之月常度也，名周本母。去其朔差爲轉終。朔差乃終外之數也。各以等数約之，即得實之數。乃以等數，約本母爲轉度母，亦數也。又以等数約月分爲轉法，亦名轉日法也。以轉法，約轉終，得轉日及餘。本厤初立此数，皆古厤所未有。

次論轉度母。（轉法会周卅。）

朔分＋周天＝等数×（轉差＋轉終分）＝等数×会周

等数×（会周－朔差）＝等数×轉終分

等数約本母及月分，得轉度母及轉法，

以等数約其它各数，成為實用数。

轉法约轉終，得轉日及餘。

诸数皆為明天厤所創。

約得八千一百一十二萬爲轉度母，二百九十八億八千二百二十四萬二千二百五十一爲轉終分，三百二十億二千五百一十二萬九千二百五十一爲会周，一十億八千四百四十七萬三千爲轉法，二十一億四千二百八十八萬七千爲朔差。

由等数約得 81120000 為轉度母，29882242251 為轉終分，32025129251 為会周，

1084473000 为转法，2142887000 为朔差。

月離遲疾定差，皇極有加減限朓朒積，麟德曰增減率遲疾積，大衍曰損益率朓朒積，崇天亦曰損益率朓朒積。所謂日不及平行則損之，過平行則益之。從陽之義也。月不及平行則益之，過平行則損之。御陰之道也。陰陽相錯，而以損益遲疾爲名。新曆以一萬四千八百一十九爲遲疾之極，而得五度八分，其數与躔相錯，可以知合食加時之早晚也。

次論月離迟疾定差。

皇極曆載有加減限、朓朒積，麟德曆称为增減率、迟疾積，大衍曆称为損益率、朓朒積，崇天曆和大衍曆相同。這些名称，都是根据所谓："日不及平行，則損之，過平行則益之。"及"月不及平行，則益之，過平行則損之。"前者合乎"從陽之義"；後者合乎"御陰之道"。陰阳交错，而以損益迟疾来称它。新曆由以

$$\frac{14819}{29\frac{87}{508}}=5^\circ05'$$

为迟疾極數。使和日躔相错，可以推知合朔交食加时的迟早。

進朔，進朔之法，兴于麟德。自後諸麻，因而立法，互有不同。假令仲夏月朔，月行極疾之時，合朔當於亥正。若不進朔，則晨而月見東方。若從大衍，當戌初進朔，則朔日之夕，月生於西方。新麻察朔日之餘，驗月行徐疾，變立法率，参驗加時，常視定朔小餘。秋分後四分法之三巳上者，進一日。春分後定朔晨分，差如春分之日者，三約之，以減四分之二，定朔小餘，如此數巳上者，亦進以來日為朔。俾循環合度，月不見於朔晨。交会無差，明必藏於朔夕。加時在於午中，則晦日之晨，同二日之夕，皆合月見。加時在於酉中，則晦日之晨，尚見；二日之夕，未生。加時在於子中，則晦日之晨，不見；二日之夕，以生。定晦朔，乃月見之晨夕，可知；课小餘，則加時之早晏，無失。使坦然不惑，觸類而明之。

次論進朔。

進朔的方法，創始於麟德麻。自後諸麻沿用，但立法互有不同。譬如：仲夏月朔，遇月行極疾时，合朔应在亥正。若不進朔，那末朔日的清晨，应月見東方。若從大衍麻法，在戌初進朔，那末朔日的日沒後，当月見於西方。新麻就交通立法率，察朔日小餘，視月行徐疾，参驗加時，恒以定朔小餘為準。秋分後小餘在$\frac{3}{4}$以上，則进一日。春分後定朔晨分，若略等於春分之日的，則由

$$\frac{2}{4}-\frac{\text{定朔晨分}}{3}=K$$

如定朔小餘，在K以上，來日也進為朔。這样就可使运行合度，在朔晨不見月光；交会正确，在朔夕不見月光。因為加時在於午中，則晦日的晨，同二日的夕，对于午中都对称，符合月見東西方。加時在於酉中，則晦日的天明時，月尚得見；二日的日沒後，月尚未生。加時在於子中，則晦日天明時，月已不見；二日的日沒后，月已生光。因此定晦朔，可知晨夕的月見与否；驗小餘，可知加时的早晚。對於这事，自觉怛然不惑，觸類明白。

消息數因漏刻立名，義通晷景。麟德麻差曰屈伸率。夫晝夜者，易進退之象也。冬至一陽爻生，而晷道漸升，夜漏益減，象君子之道長，故曰息。夏至一陰爻生，而晷道漸降，

陰當為陽之譌。

夜漏益增，象君子之道消。故曰消。表景與陽而衡，從晦者也。故與夜漏長短，今以屈伸象太陰之行，而刻差曰消息数。黄道去極，日行有南北，故晷漏有長短，然景差徐疾不同者，句股使之然也。景直晷中則差遲，与句股数齐则差急，随北極高下，所遇不同。其黄道去極度数，与日景漏刻，昏晚中星，反覆相求，消息用率，步日景而稽黄道，因黄道而生漏刻，而正中星，四術，旋相為中，以合九服之變，約而易知，简而易從。

次論消息数。

消息數是根据漏刻立名的，涵義与晷景相通。麟德厤計算刻分差，稱為屈伸率。晝夜二字，依据易經的解釋，是進退的象徵。冬至生一陽爻，晷道從極南最卑点，漸向上升，因而夜漏逐漸減少，好像"君子之道長"，故稱為息。夏至一陰爻生，晷道由極北最高点，漸次下降，因而夜漏逐漸增加，好像"君子之道消"，故稱為消。表景与太陽相衡，含有"從晦"的意義。故和夜漏長短相應。今以屈伸去象徵太陽的运行，而稱它的刻差為消息數。

至於黄道去極，也因日行有南北，因而晷漏有長短，然而其間景差迟疾不同，這是句股的关係。大抵景直晷中則差迟，和句股数相近則差急，並且跟隨北極高下，所遇不同。其黄道去極度数，与日景漏刻，昏晚中星四項，都憑消息用率，互相反覆推求，步日景可以考驗黄道，由黄道而正漏刻，而定中星，順次使四術各得其中，對於九服各地的變動，都可符合。約而易知，簡而易從。

六十四卦，十二月卦出於孟氏，七十二候原於周書。後宋景業，因劉洪傳卦，李淳風据舊麻元圖，皆未覩陰陽之賾。至開元中浮屠一行，考揚子雲太玄經，錯綜其數，索隐周公三統，糾正時訓，參其變通，著在爻象，非深達易象，孰能造於此乎。今之所脩，循一行舊義，至於周策分率，隨数遷變。夫六十卦直常度全次之爻者，諸侯卦也。竟六日三千四百八十六秒，而大夫受之，次九卿受之，次三公受之，次天子受之，五六相錯，復協常月之次。凡九三應上九，則天微然以靜，六三應上六，則地鬱然而定。九三應上六即温，六三應上九即寒。上爻陽者風，陰者雨，各視所直之爻，察不刊之象，而知五等与君辟之得失，過与不及焉。七十二候李業興以來，迄于麟德，凡七家厤，皆以鷄始乳爲立春初候，東風解凍爲次候，其餘以次承之，与周書相校二十餘日，舛訛益甚，而一行改從古義，今亦以周書爲正。

次論六十四卦、七十二候。

用六十四卦，分配十二月，始於孟氏。七十二候起源于周書。（参阅大衍厤卦候議及卦议。）其後宋景業循刘洪傳卦，李淳風据舊厤元圖。都未能探遂陰陽的繁賾。開元中一行奉揚子雲太玄經，錯綜其数，以索周公天地人三统，並糾正時訓所谓："通其变，以爻象，御天下之至頤。"不是深通易象，是不能到此境界的。明天厤所修，是遵循一行旧说，至于周策分率，隨数变通日行。全年三百六十五日有奇，分配于十二月，依次交代，用六十卦去輪它，諸侯卦所佔爲六日，餘三千四百八十，秒六，就是卦策。其次受它的是大夫，又其次受它的是九卿、三公，又其次是天子，五六相錯，協於常月相次。此處引用李業興所作正光、兴和兩厤所載。凡九三爻，和上九爻相应，是兩陽爻相应，則天微然以静。六三爻和上六之爻相应，是兩陰爻相应，則地鬱然而定。九三爻和上六爻相應，是陽爻和陰爻相应，即温；六三爻和上九爻相应，是陰爻和陽爻相应，即寒。上爻陽主風，陰主雨。各視所直陰陽爻，察不变的象徵，并知五等，即公侯伯子男，及君辟的得失，或過或不及。至於七十二候，自李業興到李淳風，凡經七家麻，都是以鷄始乳為立春初候，東風解凍為次候，其它依次相承，和周周书比較，有二十餘日的舛误。一行改正之，從古義，明天麻也以周书為準。

岳臺日晷，岳臺者，今京師岳臺坊地，曰浚儀。近古候景之所，尚書洛誥稱東土是也。禮玉人職，土圭長尺有五寸以致日，此即日有常數也。司徒職以圭正日晷日至之景，尺有五寸，謂之地中。此即是地土中致日景，与土圭等。然表長八尺，見於周髀。夫天有常運，地有常中，麻有正象，表有定數。言日至者，明其日至此也。景尺有五寸与圭等者，是其景晷之真效。然夏至之日，尺有五寸之景，不因八尺之表，將何以得。故經見夏至日景者，明表有定數也。新麻周歲中晷長短，皆以八尺之表。測候所得，名中晷常數。

次論岳台日晷。

岳台就是現時京師岳台坊地，稱為浚儀。是近古候景的所在地。亦即尚書洛誥所稱東土的所在地。周禮玉人的職务，"以土圭長，尺有五寸，以致日。"因為日影有一定的常数。司徒的職务，"以圭正日景"，決定日至的影，尺有五寸，所在地称为地中。這就是说：在地中測候日影，应和土圭相等。但表長八尺，見於周髀算經。天有一定的运行，地有一定的地中，麻有一定的現象，表有一定的数值。所謂日至，表示太陽运行至此。所谓："景尺有五寸与圭等"，這是影晷的实效。但夏至的日影，尺有五寸，不靠八尺表，如何能夠獲得。故算經所載夏至日景，说明表有定数的。新麻一周歲中，所測的晷影長短，皆为午中，並用八尺的表。測候所得，称为中晷常数。

交会，日月成象於天，以辨尊卑之序。日君道也，月臣道也。謫食之變，皆與人事相應。若人君修德以禳之，則或當食而不食，故太陰有变行以避日則不食。五星潛在日下，為太陰禦侮而扶救則不食。涉交數淺，或在陽厤，日光著盛，陰氣衰微則不食，德之休明，而有小眚焉。天為之隐，是以光微蔽之，雖交而不見食，此四者皆德感之所繇致也。按大衍厤議，開元十二年七月戊午朔當食，時自交阯至朔方，同日度景測候之際，晶明無雲而不食，以厤推之，其日入交七百八十四分，當食八分半。十三年天正南至，東封禮畢，還次梁宋。史官言十二月庚戌朔當食，帝曰：予方修先后之職，謫見于天，是朕之不敏，無以對揚上帝之休也。於是徹膳素服以俟之，而卒不食。在位之臣，莫不稱慶，以謂德之動天，不俟終日。以厤推之，是月入交二度弱，當食十五分之十三，而陽光日若無纖毫之變。雖算術乖舛，不宜若是。凡治厤之道，定分最微。故損益毫釐，未得其正，則上考春秋以來日月交食之載，必有所差。假令治厤者，因開元二食變交限以從之，則所協甚少，而差失過多，由此明之，詩云，此日而微，乃非天之常數也。舊厤直求月行入交，今則先課交初所在，然後与月行更相表裏，務通精數。

月疑日字之误。

次論交会。

日月在天成象，用以顯示社会组织的尊卑之序。日為君道，月為臣道。日食的灾異，都是和人事相应的。若人君修德祈禳，那就会當食而不食，因此月亮有時变行，以避日，則不食。五星潛居日下，為太陰禦侮和搶救，則不食。交会時食分較少，或在陽厤，日光顯耀，陰氣衰微則不食，君有盛德，而有小過，天就為他隐諱，於是日光蔽月，雖交而不見食。這样四端，都是君德感动上天所致。大衍厤議日蝕議说：開元十二年七月戊午朔日當食，这日南自交阯，北至朔方，同時測驗日影，都是天明無雲，却不日食。以厤推之，是日入交 784分，當食八分半。十三年天正日南至，皇帝東巡封禅礼畢，还至梁宋。史官預言十二月庚戌朔當食，皇帝说：我在修先皇盛業，譴見于天，是我的不敏，難以顯揚上帝的好德。於是減膳，素服以俟。卒不見食。在位諸臣，莫不称慶。以为皇帝德能动天，不待终日。以厤推之，是日入交二度弱，当食十五分之十三。却是日光沒有纖毫的变动。说是算術乖舛，不是这样。厤家造厤，定食分曻為精微。損益稍不得當，那末上推春秋以来日食的記載，不能沒有差失。假使麻家根據开元兩次当食不食，因而改变交限，遷就現实。那末符合的就很少。差失就会很多。從此类推，詩經上說：此日而微。是非天之常數可以知道的。舊麻逕求月行入交，明天麻就先驗交初所在，然後与月行結合研究，達到數字精確。

四正食差，正交如累壁，壁當為璧之譌。漸減則有差，在内食分多，在外食分少。交淺則間遠，交深則相薄，所觀之地又偏，所食之時亦別，苟非地中，皆隨所在而漸異。縱交分正等，同在南方，冬食則多，夏食乃少。假均冬夏，早晚又殊。處南辰則高，居東西則下。視有斜正，理不可均。月在陽麻，校驗古今，交食所虧不過其半。合置四正食差，則斜正於卯酉之间，損益於子午之位。務從親密，以考精微。

次論四正時差。

所謂差，即指日食時東西南北的差。正交如累璧，漸減則有差。人目内視則食分多，外視則食少。交淺其间相隔遠，交深就相近。若所在地距地中遠而偏，則初虧、食甚、复圓的時间不同。換言之：若非地中，就跟着所在地而漸异。就是食分相等，同在南方观察，冬食多而夏食少，假定冬夏相均，所見的早晚也不同。因為人居正南則高，居東西則下。視向有斜正，情理是不一样的。月在陽麻時，凭靠着它去推驗古今交食，所虧不能過食分的一半。所以特設四正食差一条，使知差在卯酉時最大，所謂："斜正於卯酉之间，"用它来損益子午的位置，一定要根据親觀密的視察，来推定它的精確的数字。

五星立率，五星之行，亦因日而立率，以示尊卑之義，日周四時，無所不照，君道也。星分行列宿，刑疑則字之误
臣道也。陰陽進退于此，取儀刑焉。是以當陽而進，當陰而退，皆得其常。故加減之。古之推步，悉皆順行，至秦方有金火逆數。大衍曰：木星之行，與諸星稍異。商周之際，率一百二十年而超一次，至戰國之時，其行寖急，逮中平之後，八十四年而超一次。自此之後，以為常率。其行也，初與日合，一十八日行四度，乃晨見東方，而順行一百八日，計行二十二度强，而留，二十七日乃退，行四十六日半，退行五度强，與日相望，旋日而退，又四十六日半退五度强，復留，二十七日而順行，一百八日行十八度强，乃夕伏西方，又十

八日行四度，復與日合。

次論五星立率。

五星運行，或在日前，或日在日後，都是根据日行立率。顯示尊卑的意義。太陽一年四季光照着，是君道的象徵。五星分行列宿之间，是臣道的象徵。易經說："天垂象，聖人則之。"這裏日星的"陰陽進退"，就是可以採取為法則的。（儀刑疑為儀則之误。）因此當陽則進，當陰則退，五星跟着太陽盈縮，而生加減，皆得其常。古時推步，都從順行着想。至秦方始观察到金火二星有逆行之数。大衍麻說：木星运行，和诸星稍異。商周時，大概經120年超辰一次，到戰國时，行度快了一些，達到中平的數值，84超辰一次。以後成為常率。木星运行，初与日合，麻18日行4度，在日後晨見東方。入順行段，行108日，計行22度强。入留段，經27日，乃退。行46日半，退行5度强，和日相對而望。此後循日逆行，經46日半，退行5度强，復留。麻27日，再顺行108日，行18度强，夕伏西方。又18日行4度，再和日合。

火星之行，初與日合，七十日行五十二度，乃晨見東方，而順行，二百八十日，計行二百一十六度半弱而留，十一日乃退，行二十九日，退九度，與日相望，旋日而退，又二十九日退九度，復留，十一日而順行，二百八十日行一百六十四度半弱，而夕伏西方，又七十日行五十二度，復與日合。

火星运行率。

火星初和日合，70日行52度，在日後晨見東方。入順行段，280日行216度半弱，而入留段。计11日，乃退行，29日退9度，和日相对而望。此後復循逆序运行，歷29日退9度，復留。11日，再顺行。280日行164度弱，夕伏西方。又經70日，行52度，再和日合。

土星之行，初與日合，二十一日行二度半，乃晨見東方，順行八十四日，計行九度半强而留，三十五日乃退，行四十九日退三度半，与日相望，乃旋日而退，又四十九日退三度少，復留。三十五日，又順行，八十四日行七度强，而夕伏西方又二十一日行二度半，復与日合。

土星运行率。

解釋略。

金星之行，初與日合，五十八日半行四十九度太，而夕見西方，乃順行，二百三十一日計行二百五十一度半而留，七日乃退，行九日退四度半，而夕伏西方。又六日半退日度太，與日再合。又六日半，退四度太，而晨見東方。又退九日，逆行四度半，而復留。七日而復順行，二百三十一日，行二百五十一度半，乃晨伏東方，又三十八日半行四十九度太，復與日会。

金星运行率。

解釋略。

水星之行，初與日合。十五日行三十三度，乃夕見西方。而順行，三十日計行六十六度。而留，三日，乃夕伏西方。而退，十日退八度，與日再合。又退，十日退八度，乃晨見東方。而復留，二日，又順行三十三日行三十三度，而晨伏東方。又十五日行三十三度，與日復會。

水星运行率。

解釋略。

一行云：五星伏見留逆之效，表裏盈縮之行，皆係之於時，驗之於政。小失則小變，大失則大變，事微而象微，事章而象章。蓋皇天降譴，以警悟人主，又或算者，昧於象；占者迷於數。覩五星失行，悉謂之曆舛，以數象相參，兩喪其實。大凡校驗之道，必稽古今注記，使上下相距，反覆相求，苟獨異常，則失行可知矣。

"五星伏見留逆之效"，至"則失行可知矣"，一段，見大衍厤五星議中。

一行是一个二元論者，流毒深遠。

星行盈縮，五星差行，惟火尤甚。乃有南侵狼坐，北入匏瓜，變化超越，獨異於常。

惟火尤甚，是實；南侵狼座，梅文鼎已闢之。

是以日行之分，自有盈縮，此乃天度廣狭不等，氣序升降有差。孜今升降之分，積爲盈縮之數。凡五星入氣加減，興于張子信，以後方士，各自增損，以求親密。而開元厤別爲四象六爻，均以進退，今則別立盈縮，與舊異。

次論星行盈縮。

五星运行的不齐一，火星最為顯著。竟有南侵狼座，北入匏瓜。变化超越，不是一般的。所以它的每日行分，另有盈缩，這是天度廣狭，氣序升降不一样形成的。根据現在的升降的行分，積為盈積度或缩積度。大凡五星入氣有加减，創自張子信。以後厤家各自改革，求和天行相近。惟大衍厤把它分為四象六爻，都用進退之数。明天厤特設盈縮差，和旧厤稍異。

五星見伏，五星見伏，皆以日度為規，日度之運，既進退不常，星行之差，亦隨而增損，是以五星見伏，先考日度之行，今則審日行盈縮，究星躔進退，五星見伏，率皆密近。

舊說水星晨應見不見，在雨水後，穀雨前。夕應見不見，在處暑後，霜降前。又云：五星在卯酉南，則見遲伏早，在卯酉北，則見早伏遲，蓋天勢使之然也。

次論五星見伏。

五星的或見或伏，都以日行行度為準。太陽运行有盈厤縮厤的不同；因此，五星也跟着而有增損。所以，五星見伏，首先考定太陽行度。明天厤審視日行盈縮，以定星躔進退；故所述的五星見伏，大致接近实际。

古厤對於太陽系中太陽地球及五星运行的关係，並無圖表及理論来闡发和說明。但認為"五星見伏，先考日度之行"；实际即是認為地處天中，太陽及五星相對繞地而動，故观察太陽的盈縮，借以研究五星的見伏。這样的天体系統，实际和多禄某所說相近。但所說没有它系統化，计算也缺乏幾何学的理論根據。故五星之学，观察和记録，有其贡献；而理論上的阐发，则遠遜於歐洲。蓋古人亟於实用，斤斤於進退增損，而忽於探賾索隐。天学之停滞，此亦一因也。

明天麻術

步氣朔術

演紀上元甲子歲，距治平元年甲辰歲積七十一萬一千七百六十算外。

上驗往古，每年減一算，下算将来，每年加一算。

上元甲子歲距宋英宗治平元年甲辰，積711760年，以60除之，餘40，是甲辰歲未算在内。

加算減算，由於古今歲實，稍有不等，歲實不等由於太陽系，以太陽為中心，地球遶日旋轉，太陽復帶衆星，向銀河系奔馳，黄道旋作螺旋形前進。古人不明此理，惟從冬至晷影歲实紀錄统計得之，明天亦有貢獻，授時麻乃沿用之，而数值加以改進。

元法三萬九千

歲周一千四百二十四萬四千五百

朔實一百一十五萬一千六百九十三

歲周三百六十五日，餘九千五百 周下疑脱日字

朔策二十九，餘二萬六百九十三

望策一十四，餘二萬九千八百四十六半

弦策七，餘一萬四千九百二十三秒

氣策一十五，餘八千五百二十，秒一十五

中盈分一萬七千四十一，秒一十二
朔虛分一萬八千三百七
閏限一百一十一萬六千三百四十四，秒六
歲閏四十二萬四千一百八十四
月閏三萬五千三百四十八，秒一十二
沒限三萬四百七十九，秒三
紀法六十，秒母一十八

明天厤的元法、歲周、朔实、气策、中盈分、朔虛分、闰限和大衍厤的通法、策实、揲法、三元之策、中盈分、朔虛分、掛限同。紀法和崇天厤同，沒限和应天厤同。

$$\frac{\text{歲周}}{\text{元法}}=\text{歲周日}\ 365\text{日}\frac{9500}{390000}$$

$$\text{中盈分}+\text{朔虛分}=\text{月闰}\ 35348\frac{12}{18}$$

$$12\times\text{月闰}=\text{歲闰}\ 424184$$

秒母 18

求天正冬至，置所求積年，以歲周乘之，為天正冬至氣積分，滿元法除之為積日，不滿為小餘，日盈紀法去之，不盡命甲子筭外，即得所求年前天正冬至日辰及餘。

求次氣，置天正冬至大小餘，以氣策加之即得次氣大小餘，若秒盈秒母從小餘，小餘滿元法從大餘，大餘滿紀法，即去之。

命大餘甲子算外，即次氣日辰及餘。（餘氣累而求之。）

求天正經朔，置天正冬至氣積分，滿朔實去之，為積月，不盡為閏餘，盈元法為日，不盈為餘，以減天正冬至大小餘，為天正經朔大小餘（大餘不足減，加紀法，小餘不足減，退大餘，加元法以減之。）命大餘甲子算外，即得所求年前天正經朔日辰及餘。

求弦望及次朔經日，置天正經朔大小餘，以弦策累加之，命如前，即得弦望及次朔經日日辰及餘。

求沒日，置有沒之氣小餘，（二十四氣小餘在沒限已上者為有沒之氣）以秒母乘之，（其秒從之）用減七十一萬二千二百二十五，餘以一萬二百二十五除之，為沒日，不滿為餘，以沒日加其氣大餘，命甲子算外，即其氣沒日日辰。

求減日，（減當為滅之誤，下同。）置有減滅經朔小餘，（經朔小餘不滿朔虛分者為有減滅之朔）以三十乘之，滿朔虛分為減滅日，不滿為餘，以減滅日，加經朔大餘，命甲子算外，即其月減滅日日辰。

求天正冬至　求次氣　求天正經朔　求弦望及次朔　四項釋已見前諸厤。

求沒日法：

大衍曆術為：

$$\frac{\text{策实}-360\times\text{常氣小餘}}{\text{策餘}}=\text{没日}$$

策实即明天曆的歲周 14244500，策餘即明天曆的歲餘 204500，

$$\frac{14244500-360\times\text{常氣小餘}}{204500}$$

以 20 约之，為

$$\frac{712225-18\times\text{常氣小餘}}{10225}$$

即："置有没之气，以秒母 18 乘之，用减 712225，餘以 10225 除之，為没日。"

求滅日，和大衍曆同。

步發斂術

候策五，餘二千八百四十，秒五

卦策六，餘三千四百八，秒六

土王策三，餘一千七百四，秒三

辰法三千二百五十，刻法三百九十

半辰法一千六百二十五，秒母一十八

候策、卦策、土王策即大衍曆的天中之策、地中之策、貞悔之策。

$$\frac{\text{元法 }39000}{12}=\text{辰法 }3250$$

$$\frac{元法\ 39000}{100}=刻法\ 390$$

$$\frac{辰法}{2}=半辰法\ 1625$$

秒母 18

求七十二候，各置中節大小餘，命之爲初候，以候策加之，爲次候，又加之爲末候。各命甲子算外，即得其候日辰。

求六十四卦，各因中氣大小餘，命之爲公卦用事日，以卦策加之，即次卦用事日，以土王策加諸侯之卦，得十有二節之初外卦用事日。

求五行用事日，各因四立之節大小餘，命之，即春木、夏火、秋金、冬水首用事日，以土王策減四季中氣大小餘，命甲子算外，即其月土始用事日也。

求發斂加時，各置小餘，滿辰法除之爲辰數，不滿者刻法而一，爲刻，又不滿爲分，命辰數從子正算外，即得所求加時辰時。若以半辰之數，加而命之，即得辰初後所入刻數。

求發斂去經朔，置天正經朔閏餘，以月閏累加之，即每月閏餘，滿元法除之，爲閏日。

不盡為小餘，即得其月中氣去經朔日及餘秒。

其閏餘滿閏限，即為置閏，以月內無中氣為定。

求卦候去經朔，各以卦候策及餘秒，累加減之，中氣前減，中氣後加。即各得卦候去經朔日及餘秒。

求七十二候　求六十四卦　求五行用事日　求发斂加時　求发斂去經朔　求卦候去經朔諸項可参攷大衍厤及崇天厤的解釋。

步日躔術

日度母六百二十四萬

周天分二十二億七千九百二十萬四百四十七

周天三百六十五度餘一百六十四萬四百四十七，約分二千五百六十四，秒八十二。

歲差八萬四百四十七

二至限一百八十二度餘二萬四千二百五十，約分六千二百一十八。

一象度九十一，餘一萬二千一百二十五，約分三千一百九。

$$\frac{周天分\ 2279200447}{日度母\ 6240000}=周天\ 365^{\circ}\frac{1600447}{6240000}$$

$$=365^{\circ}.2564\frac{82}{100}$$

日度母 $=39000\times160$　故以

$160\times$歲周 $=2279120000$，以減周天分，得

歲差 80447，更由

$$\frac{\text{歲周日}}{2}=\text{二至限}\ 182^{\circ}\frac{24250}{39000}$$

$$=182^{\circ}.6218$$

析半，得一象度 $91^{\circ}\frac{12125}{39000}=91^{\circ}.3109$

求朔弦望入盈縮度，置二至限度及餘，以天正閏日及餘減之，餘爲天正經朔入縮度及餘，以弦策累加之，滿二至限度及餘去之則盈入縮，縮入盈，而互得之。即得弦望及次經朔日，所入盈縮度及餘。其餘以一萬乘之，元法除之，即得約分。

入縮度爲入盈縮度脱誤

求朔弦望入盈缩度：

二至限 − 天正闰日及餘 ＝ 天正經朔入盈缩度及餘

更累加入弦策，加滿二至限及餘，則棄去之，由盈入缩，或由缩入盈，即得弦望及次經朔日所入盈缩度及餘，餘以 10000 乘之，元法除之，変爲约分。

求朔弦望盈縮差及定差，各置朔弦望所入盈縮度及約分，如在象度分以下者爲在初，已上者覆減二至限，餘爲在末。置初末度分於上，列二至於下，以上減下，餘以下乘上，爲積數，滿四千一百三十五，除之爲度，不滿退除爲分，命曰：盈縮差度及分，若以四百乘積數，滿五百六十七，除之爲盈縮定差。

若用立成者，以其度損益率乘度除滿元法而一，所得以損益其度下盈縮積爲定差度。其損益初末分爲二日者，各隨其初末，以乘除其後，皆如此例。

求朔弦望盈缩差及定差：

将朔弦望所入盈缩度及約分，如小於一象度分，命爲在初；大於一象度分，則覆減二至限，命爲在末。於是：

$$(2\text{至限}-\text{初末度分})\times\text{初末度分}=\text{積数}$$

$$\frac{\text{積数}}{4135}=\text{度数}+\text{不尽数}$$

不尽数，退除爲分，命爲盈缩差及分。

$$\frac{400\times\text{積数}}{567}=\text{盈缩定差}$$

求盈缩定数，崇天厤用二次差内插法，明天厤改用相减相乘法。相减相乘法較爲简易，两者似異，实际相减相乘法即爲内插法的計算结果。

若用立成，即表求之，則

元法：損益率＝其度損益：相当損益数之乃由其度下盈缩積 ± 之爲定差。其損益初末，分爲二日，（可參孜麟德曆釋）各隨其初末，以乘除之，其後皆如此例。

求定氣日，冬夏二至盈縮之端，以常爲定。餘者，以其氣所得盈縮差度及分，盈減縮加常氣日及約分，即爲其氣定日及分。

赤道宿度

斗二十六　牛八　女十二　虛十及分　危十七
室十六　壁九

北方七宿九十八度　餘一百六十萬四百四十七，約分二千五百六十四。

奎十六　婁十二　胃十四　昴十一
畢十七　觜一　參十

西方七宿八十一度

井三十三　鬼三　柳十五　星七
張十八　翼十八　軫十七

南方七宿一百一十一度

角十二　亢九　氐十五　房五
心五　尾十八　箕十一

東方七宿七十五度

前皆赤道度，自大衍以下，以儀測定用爲常數。赤道者，常道也。紘於天半，以格黃道。

求天正冬至赤道日度，以歲差乘所求積年，滿周天分去之，不盡用減周天分，餘以度母除之一度為度，不滿為餘，餘以一萬乘之，度母退除為約分。命起赤道虛宿六度去之，至不滿宿，即所求年天正冬至加時赤道日躔所在宿度及分。

求定氣日　求赤道宿度　求天正冬至赤道日度三項和崇天曆同術。

求夏至赤道加時日度，置天正冬至加時赤道日度，以二至限度及分加之，滿赤道宿度去之，即得夏至加時赤道日度。

若求二至昏後夜半赤道日度者，各以二至之日約餘減一萬分，餘以加二至加時赤道日度，即為二至初日昏後夜半赤道日度，每日加一度，滿赤道宿度去之，即得每日昏後夜半赤道日度。

求夏至赤道加時日度：

天正冬至加時赤道日度 + 2至限及分（加滿赤道宿度則弃之）= 夏至加時赤道日度

求二至昏後夜半赤道日度：

(10000 − 赤道日度) + 二至加時赤道日度 = 二至初日昏後夜半赤道日度

求次日：

則每日累加一度，加滿赤道宿度，棄之，得每日昏後夜半赤道日度。

求赤道宿積度，置冬至加時赤道宿全度，以冬至赤道加時日度減之，餘爲距後度及分，以赤道宿度累加之，即各得赤道其宿積度及分。

求赤道宿積度入初末限，各置赤道宿積度及分，滿九十一度三十一分去之，餘在四十五度六十五分半以下分以日爲母爲在初限，以上者用減九十一度三十一分，餘爲入末限度及分。

求二十八宿黃道度，各置赤道宿入初末限度及分，用減一百一十一度三十七分，餘以乘初末限度及分，進一位，以一萬約之，所得命曰黃赤道差度及分，在至後分前減，在分後至前加，皆加減赤道宿積度及分，爲其宿黃道積度及分，以前宿黃道積度，減其宿黃道積度，爲其宿黃道及分。其分就近爲太半少。

黃道宿度

斗二十三半　牛七半　女十一半　虛十少秒六十四

危十七太　室十七少　壁九太

北方七宿九十七度半秒六十四

奎十七太　婁十二太　胃十四半　昴十太

畢十六　觜一　參九少

西方七宿八十一度

井三十　鬼二太　柳十四少　星七

張十八太　翼十九半　軫十八太

南方七宿一百一十一度

角十三　亢九半　氐十五半　房五

心四　尾十七　箕十太

東方七宿七十四度

七曜循此黄道宿度，準今麻變定。若上考往古，下驗将來，當據歲差每移一度，乃依法變從當時宿度，然後可步日月五星，知其守犯。

求天正冬至加時黄道日度，以冬至加時赤道日度及分，減一百一十一度三十七分，餘以冬至加時赤道日度及分乘之，進一位，滿一萬約之為度，不滿為分，命曰赤道差，用減冬至赤道日度及分，即為所求年天正冬至加時黄道日度及分。

求赤道宿積度　求赤道宿積度入初末限　求二十八宿黄道度　黄道宿度　求天正冬至加時黄道日度　五項与崇天麻同術。其中求二十八宿黄道度及求天正冬至加時黄道日度两項，用数不同，算理一致。

求冬至之日晨前夜半日度，置一萬分，以其日升分加之，以乘冬至約餘，以一萬約之，所得以減冬至加時黄道日度，即為冬至之日晨前夜半黃道日度及分。

求冬至之日晨前夜半日度：

$$\frac{(10000+\text{其日升分})\text{冬至約餘}}{10000}=K$$

冬至加時黃道日度－K＝冬至之日晨前夜半黃道日度及分

求逐月定朔之日晨前夜半黃道日度，置其朔距冬至日數，以其度下盈縮積度，盈加縮減之，餘以加天正冬至夜半日度，命之，即其月定朔之日晨前夜半日躔所在宿次。

求逐月定朔之日晨前夜半黃道日度：

朔距冬至日數 ±(盈加縮減)盈縮積度＝K

K＋冬至夜半日度＝其月定朔之日晨前夜半日躔所在宿次

求每日晨前夜半黃道日度，各置其定朔之日晨前夜半黃道日度，每日加一度，以其日升降分，升加降減之，滿黃道宿度去之，即各得每日晨前夜半黃道日躔所在宿度及分。

若次年冬至小餘滿法者，以昇分極數加之。

求每日夜半黃道日度：

夜半黃道日度＋逐日一度 ±(升加降減)升降分

（加減黃道宿度，棄之）＝每日夜半黃道日躔

所在宿度及分

若次年冬至小餘大於日法，則以什分的檢數，即最大數，加入之。

步晷漏術

二至限一百八十一日六十二分 八十一日當為八十二日之誤

一象度九十一度三十一分

消息法一萬六百八十九

辰法三千二百五十

刻法三百九十

半辰法一千六百二十五

昏明刻分九百七十五

昏明二刻一百九十五分 二刻當為半刻之誤

冬至岳台晷景常數一丈二尺八寸五分

夏至岳台晷景常數一尺五寸七分

冬至後初限夏至後末限四十五日六十二分

夏至後初限冬至後末限一百三十七日

自冬至至夏至，或自夏至至冬至相距日數，稱為二至限，以周天日及約餘的$\frac{1}{2}$表之，即182日62分。日平行一度，二至限折半，改日為度，得一象度為90°31′。消息法10689涵義與崇天曆同。以

$$\frac{\text{元法 }39000}{12}=\text{辰法 }3250$$

$$\frac{\text{元法 }39000}{100}=\text{刻法 }390$$

辰法折半得半辰法 1625

昏明刻数，与大衍厤同。定为二刻半，半刻195，二刻 780，相加得昏明刻 975。

岳台纬度，与陽城相等，同称地中。晷景源於实测，冬至为一丈二尺八寸五分，夏至为一尺五寸七分。

将二至限 182日62分分为两部分：一為冬至後初限，夏至後末限 45日62分；一為夏至後初限，冬至後末限 137日。

求岳台晷景入二至後日數，計入二至後来日數，以二至約餘減之，仍加半日之分，即爲入二至後来日午中積數及分。

求岳台晷景入二至後日数，和崇天厤同術。

求岳台晷景午中定数，置所求午中積數，加初限以下者，爲在初，以上者，覆減二至限，餘爲在末。其在冬至後初限、夏至後末限者，以入限日減一千九百三十七半，爲汎差，仍以入限日分乘其日盈缩積，盈缩積在日度術中五因百約之，用減汎差爲定差，乃以入限日分，自相乘，以乘定差，滿一百萬爲尺，不滿爲寸爲分及小分，以減冬至常晷，餘爲其日午中晷景定數。若所求入冬至後末限、夏至後初限者，乃三約入限日分，以減四百八十五廿，餘爲汎差，仍以盈縮差減極數，餘者若在春分後秋分前者，直以四約之，以加汎差爲定差。若春分前秋分後者，以去二分日數及分，乘之，滿之百而一，以減汎差，餘爲定差，乃以入限日分自相乘，以乘定差，滿一百萬爲尺，不滿爲寸爲分及小分，以加夏至常晷，即爲其日午中晷景定數。

求岳台晷景午中定數：

設前所求得的午中積數，在初限以下，則爲在初；在以上，則由 二至限 − 午中積數，餘爲在末。

設減餘在冬至後初限，夏至後末限，則由 1937.5 − 入限日 = 汎差。則由：

$$汎差 - \frac{5}{100} \times 入限日分 \times 盈缩積 = 定差$$

$$\frac{(入限日分)^2 \times 定差}{1000000} = 尺数 + 不尽数$$

不尽数，退除爲寸爲分爲小分，用以减冬至

常晷，減餘即爲其日午中晷景定數。

設減餘在冬至後末限，夏至後初限，則由

$$485.25-\frac{入限日分}{3}=汎差$$

$$\frac{盈縮極數-盈縮差}{4}+汎差=定差$$

春分後，秋分前

$$\frac{汎差-(盈縮極數-盈縮差)\times去=分日数及分}{600}$$

$$=定差（春分前秋分後）$$

$$\frac{(入限日分)^2\times定差}{1000\,000}=尺數+不尽數$$

不尽数，退除爲寸爲分爲小分，以加夏至常晷，即爲其日午中晷景定數。

求每日消息定數，置所求日中日度分，如在二至限以下者爲在息，以上者去之，餘爲在消，又視入消息度加一象以下者爲在初，以上者覆減二至限，餘爲在末，其初末度自相乘，以一萬乘，而再析之，滿消息法，除之爲常數，乃副之，用減一千九百五十，餘以乘其副，滿八千六百五十除之，所得以加常數，爲所求消息定數。

求每日消息定数：

設所求日中度分，小於二至限，稱為在息；大於二至限，除去二至限，為在消。視入消息度，在一象以下為在初，以上則由二至限一入消息度為在末。覆減意即反減，或以減。

$$\frac{10000\times(\text{初末度})^2}{\text{消息法}}=\text{常数}$$

$$\frac{(1950-\text{常数})\times\text{常数}}{8650}+\text{常数}=\text{每日消息定数}$$

求每日黄道去極度及赤道内外度，置其日消息定數，以四因之，滿三百二十五除之為度，不滿退除為分，所得在春分後加之十七度三十一分，在秋分後減一百一十五度三十一分，即為所求日黄道去極度及分，以黄道去極度与一象度相減，餘為赤道内外度，若去極度少，為日在赤道内；若去極多，為日在赤道外。

求每日晨昏分，及日出入分，以其日消息定數，春分後加之千八百二十五，秋分後減一萬七百二十五，餘為所求日晨分，用減元法，餘為昏分，以昏明分加晨分為日出分，減昏分為日入分。

求每日距中距子度，及每更差度，置其日晨分，以七百乘之，滿七萬四千七百四十二，除爲度，不滿退除爲分，命日距子度，用減半周天，餘爲距中度。

若倍距子度，五除之，即爲每更差度及分，若依司辰星漏麻，則倍距子度，減去待旦三十六度五十二分半，餘以五約之，即每更差度。

求每日黄道去極度，及赤道内外度　求每日晨昏分及日出入分　求每日距中距子度及每更差度　三項釋見前麻，惟司辰星漏麻一段爲：

$$\frac{2\times 距子度(即全夜)-待旦\ 36^{\circ}52'.5}{5}=每更差度$$

求每日夜半定漏，置其日晨分，以刻法除之，爲刻，不滿爲分，即所求日夜半定漏。

求每日夜半定漏：

$$\frac{晨分}{刻法}=刻數+不尽數$$

不尽數退除爲分，即所求日夜半定漏。

求每日晝夜刻，及日出入晨刻，倍夜半定漏，加五刻爲定刻，用減一百刻，餘爲晝刻，以昏明刻，加夜半定漏，滿辰法除之爲辰數，不滿刻法除之爲刻，又不滿爲刻分，命辰數從子正算外，卽日出辰刻，以晝刻加之，命如前卽日入辰刻。

若以半辰刻加之，

即命從辰初也。

求更點辰刻，倍夜半定漏，二十五而一爲點差刻，五因之爲更差刻，以昏明刻，加日入辰刻，卽甲夜辰刻，以更點差刻累加之，滿辰刻及分去之，各得更點所入辰刻及分。

若同司辰星漏麻者，倍夜半定漏，減去待旦一十刻，餘依術求之，即同内中更點。

求昏曉及五更中星，置距中度，以其日昏後夜半赤道日度加而命之，卽其日昏中星所格宿次，其昏中星便爲初更中星，以每更差度加而命之，卽乙夜所格中星，累加之得逐更中星所格宿次，又倍距子度加昏中星命之，即曉中星所格宿次。

若同司辰星漏麻中星，则倍距子度，減去待旦十刻之度，三十六度五十二分半，餘約之爲五更，即同内

中更點中星。

求九服距差日，各於所在立表候之，若地在岳台北，測冬至後與岳台冬至晷景同者，累冬至後，至其日爲距差日，若地在岳台南，

測夏至後與岳台晷景同者，累夏至後，至其日爲距差日。

求九服晷景，若地在岳台北，冬至前後者，以冬至前後日數，減距差日爲餘日，以餘日減一千九百三十七半，爲汎差，依前術求之，以加岳台冬至晷景常數，爲其地其日中晷常數。若冬至前後日多於距差日，乃減去距差日餘，依前術求之，即得其地其日中晷常數。若地在岳台南，夏至前後者，以夏至前後日數減距差日，爲餘日，乃三約之，以減四百八十五少，爲汎差，依前術求之，以減岳台夏至晷景常數，即其地其日中晷常數。如夏至前後日數多於距差日，乃減岳台夏至常晷，餘即晷在表南也。若夏至前後日多於距差日，即減去距差日，餘依前術求之，各得其地其日中晷常數。

若求定數依立成以求
午中晷景定數

求九服所在晝夜漏刻，冬夏二至，各於所在下水漏，以定其地二至夜刻，乃相減，餘爲冬夏至差刻。置岳台其日消息定數，以其地二至差刻乘之，如岳台二至差刻，二十而一，所得爲其地其日消息定數，乃倍消息定數，滿刻

法約之爲刻，不满爲分，乃加減其地二至夜刻
　　秋分後春分前減冬至夜刻，
　　春分後秋分前加夏至夜刻。

爲其地其日夜刻，用減一百刻，餘爲晝刻。
　　其日出入辰刻，及距中度
　　五更中星，並依前術求之。

　　求每日晝夜刻及日出入辰刻　求更点辰刻　求昏曉及五更中星　求九服距差日　求九服晷景　求九服所在地晝夜漏刻　六項与前麻小异。

　　司辰星漏麻：

　　前者注明：信夜半定漏，減去待旦十一刻；後者注明：信子度，減去待旦十刻之度36°52′5.

　　两者均爲大内中更点，或更点中星。

步月離術

轉度母八千一百一十二萬

轉中分二百九十八億八千二百二十四萬二千二百五十一

朔差二十一億四千二百八十八萬七千

朔差二十六度餘三千三百七十六萬七千 約餘四千一百六十二半　二十六下疑脱度字

轉法一百十億八千四百四十七萬三千

会周三百二十億二千五百一十二萬九千二百五十一

轉終三百六十八度餘三十八萬二千二百五十一，約餘三千七百八

轉終二十七日餘六億一百四十七万一千二百五十一，約餘五千五百四十六.

中度一百八十四度 餘一千五百四萬一千一百二十五半，约餘一千八百五十四

象度九十二度 餘七百五十二万五百六十二太，约分九百二十七

月平行十三度 餘二千九百九十一萬三千 约分三千六百八十七半

望差一百九十七度 餘三千一百九十二萬四千六百二十五半，约分三千九百三十四

弦差九十八度 餘五千六百五十二萬二千三百一十二太，约分六千九百六十七

日衰一十八，小分九

$$2080\times\text{元法}\ 39000=\text{轉度母}\ 81120000$$

$$\frac{\text{轉中}\ 29882242251}{\text{轉度母}\ 81120000}=\text{轉终度}\ 368^\circ\frac{382251}{81120000}$$

$$=368^\circ.3708$$

$$\frac{\text{朔差}\ 2142887000}{81120000}=\text{朔差度}\ 26^\circ\frac{33767000}{81120000}$$

$$=26^\circ.41625$$

$$\text{轉中分}+\text{朔差}=\text{会周}\ 32025129251$$

$$\frac{\text{轉中分}\ 29882242251}{\text{轉法}\ 1084473000}=27\text{日}.5546$$

$$\frac{\text{轉終度}}{2}=\text{中度}\ 184^\circ\frac{15041125.5}{81120000}=180^\circ.1854$$

$$\frac{\text{中度}}{2}=\text{象度}\ 92^\circ\frac{7520562\frac{3}{4}}{81120000}=92^\circ.0927$$

月平行和崇天曆同，規定爲

$$13^\circ\frac{29913000}{81120000}=13^\circ.36875$$

$$\text{望策}\ 14^{日}\frac{29846.5}{39000}\times\text{月平行}$$

$$=\text{望差}\ 197^\circ\frac{2080\times29846.5}{2080\times39000}\times\text{月平行}$$

$$=197^\circ\frac{31924625.5}{81120000}=197^\circ.3934$$

$$\frac{\text{望差}}{2}=\text{弦差}\ 98^\circ\frac{56522712.75}{81120000}=98^\circ.6967$$

日衰18　小分9　说明見後。

求月行入轉度，以朔差乘所求積月，滿轉中分去之，不盡爲轉餘，滿轉度母除爲度，不滿爲餘，其餘若以一萬乘之，滿轉度母除之，即得約分，若以轉法除轉餘，即爲入轉日及餘。即得所求月加時入轉度及餘，若以弦度及餘累加之，即得上弦、望、下弦及後朔加時入轉度及分，其度若滿轉終度及餘去之。其入轉度，如在中度以下，爲月行在疾厤，如在中度以上者，乃減去中度及餘，爲月入遲厤。

求月行入轉度：

朔差爲月行交点月和朔望月的差度積分。

$$\frac{\text{朔差}\times\text{入元以来積月}}{\text{轉中分}}=\text{除去数}+\text{不尽数}$$

免除重複，取不盡数，命為轉餘。

$$\frac{轉餘}{轉度母}=整度数+剩餘$$

即得月加時入轉度及餘。

$$剩餘\times\frac{10000}{轉度母}\quad 即得約餘分$$

$$\frac{轉餘}{轉法}=入轉日及餘$$

若以弦差度及餘，遞加於月加時入轉度及餘，加滿轉終度及餘，即棄之，即得上弦、望、下弦及後朔加時入轉度及分。

入轉度，如小於中度，為月行在疾曆；大於中度，減去中度及餘，減餘為月入遲疾。

求月行遲疾差度及定差，置所求月行入遲速度，如在象度以下為在初，以上覆減中度，餘為在末。（其度餘用約分百為母。）置初末度於上，列二百一度九分於下，以上減下，餘以下乘上為積數，滿一千九百七十六，除為度，不滿退除為分，命曰遲疾差度，（在疾為減，在遲為加。）以一萬乘積數，滿六千七百七十三半，除之為遲疾定差。（疾加遲減。）若用立成者，以其度下損益率，乘度餘，滿轉度母而一，所得隨其損益，即得遲疾及定差。其遲疾初末損益分為二日

者，各加其初
末以乘除。

求月行遲疾差度及定差：

視月行入轉遲疾度，小於象度，為在初；大於象度，則由冲度－所入遲疾度，餘為在末。（其度餘用約分百，為母。）乃由：

(201°9′－初末度)初末度＝積數

$$\frac{積数}{1976}=整数+不尽数$$

不尽数，退除為分，命為遲疾差度。（在疾為減，在遲為加。）

$$\frac{10000\times積数}{6773.5}=遲疾定差$$（疾加遲減。

用表以求，

$$\frac{度下損益率\times度餘}{轉度母}$$ 所得，隨其損益，即得遲疾及定差。

若遲疾初末損益，分為二日，各加初末，以施乘除，即可。

求朔弦望所直度下月行定分，置遲疾所入初末度分，進一位，滿七百三十九除之，用減一百二十七，餘為衰差，以衰差疾初遲末減，遲初疾末加，皆加減平行度分，為其度所直月行定分。其度以百命爲分。

求朔弦望所直度下月行定分：

$$127-\frac{10\times 遲疾所入初末度分}{739}=衰差$$

平行度分 $\pm$ (疾初遲末減，遲初疾末加) 衰差 = 其度所直月行定分

(其度以百命分)

求朔弦望定日，各以日躔盈縮、月行遲疾定差，加減經朔弦望小餘，滿若不足，進退大餘，命甲子算外，各得定日日辰及餘，若定朔干名與後朔干名同者，月大，不同月小，月内無中氣者爲閏月。

凡注曆，觀定朔小餘秋分後，四分之三已上者，進一日。若春分後，其定朔晨分差如春分之日者，三約之，以減四分之二。如定朔小餘，及此數已上者，進一日。朔或當交有食，初虧在日入已前者，其朔不進；弦望定小餘不滿日出分者，退一日。其望或當交有食，初虧在日出已前，其定望小餘，雖滿日出分者，亦退之。又月行九道，遲疾曆有三大二小，日行盈縮，累增損之，則有四大三小，理數然也。若循其常，則當察

四分之二爲四分之三疑

加時早晚，隨其所近而進退之，使月之大小，不過連三。舊說正月朔有交，必須消息前後一兩月，移食在晦、二之日。且日食當朔，月食當望，蓋自然之理。夫日之食，蓋天之垂誡，警悟時政，若道化得中，則變咎爲祥，國家務以至公理天下，不可私移晦朔，宜順天誡，故春秋傳書日食，乃紀正其朔，不可專移食於晦二，其正月朔有交，一從近典，不可移避。

求朔弦望定日：

經朔弦望小餘 ± 日躔盈縮、月行遲疾定差，加減後，滿或不足，則進退其日。命甲子日爲起算外，各得朔弦望定日日辰及餘。

若定朔干名和後朔同的，月大；不同的月小，無中氣的爲閏月。

註曆：視定朔小餘秋分後，若大於 $\frac{3}{4}$，則進一日；若春分後，定朔晨分差如春分之日，以3約之，並由 $\frac{3}{4}$ 減去此數。若定朔小餘，在此數以上，也進一日。朔如當交有食，初虧在日入以前，其朔不進；弦望定小餘，不滿日出分時，則退一日。望如當交有食，初虧在日出已前，定望小餘，雖滿日出分，亦退一日。月行九道，经迟疾厤计标，月有三大二小，再用日行盈缩计标，有四大三小，這是理数当然的。一般的说，看它加時早晚，就近進退其月，使月大小，不過連三。舊说：正月朔有交，必須進退前後一两月，移食在晦，或二日。不知日食當朔，月食當望，是自然之理。日食是上天垂誡，警悟時政，通化得中，可变咎為祥。当国的应以正道治天下，不可私移晦朔，以順天誡。故春秋傳日食，纠正朔日，不可移食於晦、二。今正月朔有食，一从近典，決不移避。

朔定當為定朔

求朔定弦望加時日度，置朔弦望中日及約分，以日躔盈縮度及分，盈加縮減之，又以元法退除遲疾定差，疾加遲減之，餘為其朔弦望加時定日。以天正冬至加時黄道日度，加而命之，即所求朔弦望加時定日所在宿次。朔望有交，則依後術。

求定朔弦望加時日度：

經朔弦望及约分 $\pm$（盈加缩减）日躔盈缩度分 $= K$

$K \pm$（疾加迟减）$\dfrac{\text{迟疾定差}}{\text{元法}}=$ 其朔弦望加時定日

定日内，加入天正冬至加時黄道日度，即朔弦望加时定日所在宿次。（若朔望有交食，則依後術。）
求月行九道，凡合朔所交，冬在陰麻，夏在陽麻，月行青道，……
求月行九道未全録，可參閱大衍崇天兩麻步月離篇術文。
求月行九道入交度，置其朔加時定日度，以其朔交初度及分，减之，餘爲其朔加時月行入交度及餘。其餘以一萬乘之，以元法退除之，即爲約餘。以天正冬至加時黄道日度，加而命之，即正交月離所在黄道宿度。
求月行九道入交度：
朔加時定日度 － 朔交初度及分
＝朔加時月行入交度及餘
（餘以10000乘之，元法退除之，即得約餘。）
再加天正冬至加時黄道日度，即得正交月離所在黄道宿度。
求正交加時月離九道宿度，以正交度及分，减一百一十一度三十七分，餘以正交度及分乘之，退一等，半之，滿百爲度，不滿爲分，所得命曰定差。以定差，加黄道宿度，計去冬夏至以來度數，乘定差，九十而一，所得依同異名加减之，滿若不足，進退其度，命如前，即正交加時月離九道宿度及分。

求正交加時月離九道宿度：

$$\frac{(111°37' - \text{正交度及分})}{10 \times 2 \times 100} = \text{度數} + \text{不尽数}$$

不尽數，以100退除為分，度分即為定差。

餘同崇天厤。

求定朔弦望加時月離所在宿度，……

求定朔夜半入轉，……

求次月定朔夜半入轉……

三項未全録，術文与崇天厤同。

求定朔弦望夜半月度，各置加時小餘，若非朔望有交者，有用定朔弦望小餘 以其日月行度分乘之，滿元法而一為度，不滿退除為分，命曰加時度，以減其日加時月度，即各得所求夜半月度。

求定朔弦望夜半月度：

元法：一日的月行度分 = 朔弦望加時小餘：相当行度分之

$$x = \frac{\text{加時小餘} \times \text{日月行度分}}{\text{元法}} = \text{整数} + \text{不尽数}$$

不尽数退除為分，統称為加時度分。若非望朔有交食，有用定朔弦望小餘。

乃由：其日加時月度 − 加時度分 = 所求夜半月度。

求晨昏月，以晨昏乘其日月行定分，元法而一，為晨度，用減月行定分，餘為昏度。各以晨昏度加夜半月度，即所求晨昏月所在宿度。

求晨昏月：

$$\frac{\text{晨分}\times\text{其日月行定分}}{\text{元法}}=\text{晨度}$$

月行定分－晨度＝昏度

晨昏度和夜半月度相加，即得所求晨昏月所在宿度。

求朔弦望晨昏定程，各以其朔昏定月，減上弦昏定月，餘為朔後昏定程，以上弦昏定月，減望昏定月，餘為上弦後昏定程，以望晨定月減下弦晨定月，餘為望後晨定程，以下弦晨定月，減次朔晨定月，餘為下弦後晨定程。

求朔弦望晨昏定程：

同崇天曆。

求轉積度，計四七日月行定分，以日衰加減之，為逐日月行定程，乃自所入日，計求定之，為其程轉積度分。其四七日月行定分者，初日益遲一千二百一十，七日漸疾一千三百四十一，十四日損疾一千四百六十一，二十一日漸遲一千三百，二十八乃覘其遲疾之極差而損益之，以百為分母。

求轉積度：

四七日月行定分 ±日衰18分7小分
=逐日月行定分

乃自所入日始；計日求之，爲其定程轉積度分。

所謂四七日月行定分，初日益遲1210，七日漸疾1341，十四日損疾1461，二十一日漸遲1300，二十八日視其遲疾之極差而損益之。均以100爲分母。

求每日晨昏月，以轉積度與晨昏定程相減，餘以距後程日數除之，爲日差，定程多爲加，定程少爲減。以加減每日月行定分爲每日轉定度及分，以每日轉定度及分，加朔弦望晨昏月，滿九道宿次去之，即爲每日晨昏月離所在宿度及分，凡注麻朔後注昏，望後注晨。已前月度，並依九道所推，以究算術之精微。若注麻求其速要者，即依後術，以推黃道月度。

求每日晨昏月：

晨昏定程和轉積度相減，得減餘。

$$\frac{\text{減餘}}{\text{距後程日數}}=\text{日差}$$

每日月行定分 ±（定程多爲加，定程少爲減。）日差
=每日轉定度及分

每日轉定度及分 + 朔弦望晨昏月（滿九道宿次去之）＝每日晨昏月離所在宿度及分。（凡注曆：朔後注昏，望後注晨）

以前月度，並依九道所推，以究算術的精微。注曆但求速要，即依後術，以推黃道月度。

求天正十一月定朔夜半平行，以天正經朔小餘，乘平行度分，元法而一，爲度，不滿退除爲分秒，所得爲經朔加時度，用減其朔中日，即經朔晨前夜半平行月積度，若定朔有進退，以平行度分加減之。即爲天正十一月定朔之日晨前夜半平行月積度及分。

求天正十一月定朔夜半平行月：

$$\frac{\text{天正經朔小餘}\times\text{月平行度分}}{\text{元法}}=\text{度數}+\text{不盡數}$$

不盡數，退除爲分秒。經朔加時度及分，乃由：

朔中日－經朔加時度及分＝經朔晨前夜半平行月積度及分

若定朔有進退，應以平行度加减之，即得天正十一月定朔日晨前夜半平行月積度及分。

求次月定朔之日夜半平行月，置天正定朔之日夜半平行月，大月加三十五度八十分之十一秒，小月加二十二度四十三分七十三秒半，滿周天度分即去之，卽每月定朔之晨前夜半平行月積度及分秒。

求次月定朔日夜半平行月：

視天正定朔日夜半平行月，大月加35°80′61″，小月加22°43′73″.5（卽35°80′61″－一日月平行。）

即每月定朔晨前夜半平行月積度及分秒。

求定弦望夜半平行月，計弦望距定朔日數，以乘平行度及分秒，以加其定朔夜半平行月積度及分秒，卽定弦望之日夜半平行月積度及分秒。

亦可直求朔望，不復求度，從簡易也。

求定弦望夜半平行月：

將弦望距定朔日數×月平行度＋定朔夜半平行月積度及分秒＝定弦望日夜半平行月積度及分秒

亦可直求朔望，不復求度，以取簡易。

求天正定朔夜半入轉度，置天正經朔小餘，以平行月度及分乘之，滿元法除為度，不滿退除為分秒，命為加時度，以減天正十一月經朔加時入轉度及約分，餘為天正十一月經朔夜半入轉度及分。若定朔大餘有進退者，亦進退平行度分，即為天正十一月定朔之日晨前夜半入轉度及分秒。

求天正定朔夜半入轉度：

$$\frac{\text{平行月度分} \times \text{天正經朔小餘}}{\text{元法}} = \text{整数} + \text{不尽数}$$

不尽数，退除為分，命為加時度分。復由：

天正十一月經朔夜半加時入轉度及約分 − 加時度分

= 天正十一月經朔夜半入轉度及分

若定朔大餘有進退，亦進退平行度分，即為天正十一月定朔及日晨前夜半入轉度分秒。

求次月定朔及弦望夜半入轉度，因天正十一月定朔夜半入轉度分，大月加三十二度之十九分一十七秒，小月加十九度三十二分二十九秒半，即各得次月定朔夜半入轉度及分。各以朔弦望相距日数，乘平行度分，以加之，滿轉終度及秒，即去之。如在中度以下者，為在疾，以上者去之，餘為入遲曆，即各得次朔弦望定日晨前夜半入轉度及分。

若以平行月度及分收之，
即為定朔弦望入轉日。

求次月定朔及弦望夜半入轉度：

視天正十一月定朔夜半入轉度分，大月加

(朔差度 26°4162.5 + 月平行 × 朔虛分) = 32°69′17″，

小月加（32°69′17″－一日的月平行）19°32′29″5

得次月定朔夜半入轉度及分。

朔弦望相距日數×月平行＋定朔夜半入轉度分，加滿轉終度及分秒，棄去，

所得在中度以下，爲在疾；以上，減去中度，在遲麻，各得次朔弦望定日晨前夜半入轉度及分。

若以平行月度，除入轉度及分，即得定朔弦望入轉日。

求定朔弦望夜半定月，以定朔弦望夜半入轉度分乘其度損益衰，以一萬約之爲分，百約之爲秒，損益其度下遲疾度爲遲疾定度。乃以遲加疾減夜半平行月爲朔弦望夜半定月積度。以冬至加時黄道日度，加而命之，即定朔弦望夜半月離所在宿次。

若有求晨昏月，以其日晨昏分，乘其日月行定分，元法而一，所得爲晨昏度，以加其夜半定月，即得朔弦望晨昏月度。

求定朔弦望夜半定月：

$$\frac{\text{定朔弦望夜半入轉度}\times\text{損益衰}}{10\,000}=\text{分數}+\text{不尽數}$$

不尽數，100退除爲秒，命所得爲K。

度下遲疾 ± K＝遲疾定度

夜半平行月 ±（迟加疾减）迟疾定度

=朔弦望夜半定月積度

加入冬至加時黄道日度，得定朔弦夜半月離

所在宿次。

求晨昏月：

$$\frac{\text{晨昏分} \times \text{月行定分}}{\text{元法}} = \text{晨昏度}$$

晨昏度 + 夜半定月 = 朔弦望晨昏月度

求朔弦望定程，各以朔弦望定月相減，餘爲定程。若求晨昏定程，則用晨昏定月相減，朔後用昏，望後用晨。

求朔望定程：

将朔弦望定月遞相減，即爲定程。

若求晨昏定程，则用晨昏定月遞減，朔後用昏，望後用晨。

求朔弦望轉積度分，計四七日月行定分，以日衰加減之，爲逐日月行定分，乃自所入日計之，爲其程轉積度分。

其四七日月行定分者，初日益遲一千二百一十，七日漸疾，一千三百四十一；十四日損疾一千四百六十一；二十一日漸遲一千三百二十八，乃視其遲疾之極差，而損益之，分以百爲母。

与前求轉積度同。

求每日月離宿次，各以其朔弦望定程，與轉積度相減，餘爲程差，以距後程日數，除之爲日差 定程多爲益差，定程少爲損差。以日差加減月行定分，爲每日月行定分，以每日月行定分，累加定朔弦望夜半月在宿次，命之，即每日晨前夜半月離宿次。如晨昏宿次，即得每日晨昏月度。

与前求每日晨昏月同。

步交会術

交度母六百二十四萬

周天分二十二億七千九百二十萬四百四十七

朔差九百九十萬一千一百五十九

朔差一度餘三百六十六萬一千一百五十九

望差空度，餘四百九十五萬五百七十九半

半周天一百八十二度餘三百九十二萬二百二十三半，約分六千二百八十二。

日食限一千四百六十四

月食限一千三百三十八

盈初限縮末限六十度八十七分半

縮初限盈末限一百二十一度七十五分

交度母、周天分与步日躔術日度母、周天分同。

周天分 2279200447 － 朔差 9901159

＝ 2269299288 一交周所需度数的交度母分

$$\frac{\text{交度母分}}{\text{交度母}\times\text{月平行}}=27\text{日有奇為交点月日数}$$

$$\frac{\text{朔差}}{\text{交度母}}=\text{朔差度}\ 1^{\circ}\frac{3661159}{6240000}$$

$$2\text{除朔差，得望差度}\ 0^{\circ}\frac{4950579.5}{6240000}$$

$$2\text{除周天度，得半周天}\ 182^{\circ}\frac{3922223.5}{6240000}$$

$$=182^{\circ}.6282$$

日食限為 1464

月食限為 1338

盈初缩末限為 $60^{\circ}87'.5$

缩初盈末限為 $121^{\circ}75'$

两限相加得半周天 $182^{\circ}62'.5$

求交初度，置所求積月，以朔差乘之，滿周天分去之，不盡覆減周天分，滿交度母除之為度，不滿為餘，即得所求月交初度及餘，以半周天加之，滿周天去之，餘為交中度及餘。

若以望差減之，即得其月望交初度及餘，以朔差減之，即得次月交初度及餘，以交度母退除即得餘分，若以天正黄道日度，加而命之，即各得交初中所在宿度及分。

求交初度：

$$\frac{\text{朔差}\times\text{入元以来積月}}{\text{周天分}}=\text{周数}+\text{不尽数}$$

$$\frac{\text{周天分}-\text{不尽数}}{\text{交度母}}=\text{度数}+\text{剩餘}$$

即得所求月交初度及餘，復加半周天，滿周天去之，爲交中度及餘。

$$\text{交初度及餘}-\text{望差}=\text{其月望交初度及餘}$$
$$\text{交初度及餘}-\text{朔差}=\text{次月交初度及餘}$$
$$\frac{\text{餘}}{\text{交度母}}=\text{餘分}$$

加入天正黄道日度，即得交初交中所在宿度及分

求日月食甚小餘及加時辰刻，以其朔望月行遲疾定差，疾加遲減經朔望小餘，若不足減者，退大餘一，加元法以減之，若加之滿法者，但積其數。以一千三百三十七乘之，滿其度所直月行定分除之，爲月行差數。乃以日躔盈定差，盈加縮減之，餘爲其朔望食甚小餘。凡加減滿若不足，進退其日，此朔望加時，以究月行遲疾之數。若非有交会，直以經定小餘爲定。

置之如前發斂加時術入之，即各得日月食甚所在晨刻。視食甚小餘，加半法以下者，復減半法，餘爲午前分，半法已上者，減去半法，餘爲午後分。

求日月食甚小餘及加時辰刻：

$$\frac{\text{經朔望小餘} \pm (\text{疾加遲減})\text{朔望月行遲疾定差}}{\text{月食限其度所入月行定分}}$$

＝月行差（若被減數小於減數，則退一日，加元法以減之；若加之滿法，則積其數，即可）

月行差 ±（盈加縮減）日躔盈縮定差

＝朔望食甚小餘。（凡加減滿或不足時，應進退其大餘。這个朔望加時，以究月行的遲疾數。設朔望不發生交食，則以經定小餘為定，即可。）

更將朔望食甚小餘，用前發斂術，求其辰刻，即得日月食甚所在辰刻。（視食甚小餘，如小於半法，則由：半法－食甚小餘＝午前分；大於半法，則由：食甚小餘－半法＝午後分。）

求朔望加時日月度，以其朔望加時小餘，与經朔小餘相減，餘以元法退收之，以加減其朔望中日及約分。經朔望少加，經朔望多減。為其朔望加時中日。乃以所入日昇降分，乘所入日約分，以一萬約之，所得隨以損益其日下盈縮積為盈縮定度。以盈加縮減加時中日，為其朔望加時定日。望則更加半周天為加時定月，以天正冬至加時黃道日度，加而命之，即得所求朔望加時日月所在宿度及分。

求朔望加時日月度：

$$\frac{\text{朔望中日及約分}\pm(\text{朔望加時小餘}\mp\text{經朔望小餘})}{\text{元法}}=\text{其朔望加時中日}$$

10000：所入日升降分＝所入日約分：相當升降分Z

其日下盈縮積 ± Z＝盈縮定度

朔望加時中日 ±（盈加縮減）盈縮定差

＝其朔加時定日

望加半周天，爲加時定月。復加天正冬至加時黄道日度，得所求朔望加時日月所在宿度及分。

求朔望日月加時去交度分，置朔望日月加時定度，與交初交中度，相減，餘爲去交度分，就近者相減之，其度以百通之爲分。加時度多爲後，少爲前，即得其朔望去交前後分。交初後，交中前，爲月行外道陽麻，交中後，交初前，爲月行内道陰麻。

求朔望日月加時去交度分：

朔望日月加時定度 ∓ 交初交中度

＝去交度分（就近者施以减法，其度用百通爲分。）

加時度多爲後，少爲前，即得朔望去交前後分。

求日食四正食差定數，置其朔加時定日，如半周天以下者為在盈，以上者去之，餘為在縮，視之如在初限以下者，為在初，以上者覆減二至限，餘為在末。置初末限度及分，盈初限縮末限者倍之。置於上位，列二百四十三度半於下，以上減下，餘以下乘上，以一百六乘之，滿三千九十三除之為東西食差汎數。凡減五百八，餘為南北食差汎數。其求南北食差定數者，乃視午前後分，如四分法之下以下者，覆減之，餘以乘汎數。若以上者，即去之，餘以乘汎數，皆滿九千七百五十，除之為南北食差定數。盈初縮末限者，食甚在卯酉以南，内減外加；食甚在卯酉以北，内加外減。縮初盈末限者，食甚在卯酉以南，内加外減；食甚在卯酉以北，内減外加。其求東西食差定數者，乃視午前後分，如四分法之一以下者，以乘汎數，以上者覆減半法，餘乘汎數，皆滿九千七百五十除之，為東西食差定數。盈初縮末限者，食甚在子午以東，内減外加；食甚在子午以西，内加外減。縮初盈末限者，食甚在子午以东，内加外減；食甚在子午以西，内減外加。即得其朔四正食差加減定數。

求日食四正食差定數：

四正指子午卯酉，即東西南北，四方而言。視朔加時定日，小於半周天，為在盈；大於半周天，則減去半周天，餘爲在縮。在盈或在縮定日，在初限以下，爲在初；以下則由：

二至限 − 盈縮定日，

爲在末。乃由：

$$\frac{(243.5 - \text{初末限})\times\text{初末限}\times 106}{3093} = \text{東西食差汎差}$$

508 − 東西食差汎數 ＝南北食差汎差

求南北食差定數，視午前後分，如在四分日法之下，則由：

$$\frac{(\text{四分法之一} - \text{午前後分})\,\text{汎數}}{9750} = \text{南北食差定數}$$

在盈初縮末限時，南北食差定數，視食甚在卯酉线以南，則内減外加；食甚在卯酉线以北，則内加外減。在缩初盈末限時，南北食差定數，視食甚卯酉以南，則内加外減；食甚在卯酉以北，則内減外加。

求東西食差定數，視午前後分，如在四分日法以下，乃由：

$$\frac{\text{午前後分}\times\text{汎數}}{9750} = \text{東西食差定數}$$

如在以上，則由：

$$\frac{(半法-午前後分)\times 汎数}{9750}=東西食差定数$$

在盈初末限時，東西食差定数，視食甚在子午线以東，則内減外加；食甚在子午线以西，則内加外減。在縮初末限時，視食甚在子午线以东，則内加外減；食甚在子午线以西，則内減外加。

综上所述，即得其朔四正食差加减定数。

求日月食去交定分，視其朔四正食差加減定數，同名相從，異名相消，餘為食差加減總數，以加減去交分，餘為日食去交定分。

其去交定分不足減，乃覆減食差總數。若陽曆覆減入陰曆，為入食限。若陰曆覆減入陽曆，為不入食限。凡加之滿食限已上者，亦不入食限。

其望食者，以其望去交分，便為其望月食去交定分。

求日月食去交定分：

視朔四正加減定数，同名相加，異名相減，為食差加減总数，乃由：

去交分 ± 食差加減总数 = 日食去交定分

若去交分不足減，則由：食差总数 − 去交分。

在陽曆，反減入陰曆，為入食限。在陰曆，反減入陽曆，為不入食限。加满食限，亦不入食限。

望食時，用望去交分，爲望月食去交定分。

求日月食分，日食者，視去交定分，如食限三之一以下者，倍之，爲同陽厤食分，以上者，覆減食限。餘爲陰厤食分，皆進一位，滿九百七十六，除爲大分，不滿爲除爲小分。命十爲限，即日食之大小分。月食者，視去交定分，如食限三之一以下者，食既，以上者，覆減食限，餘進一位，滿八百九十二除之，爲大分，不滿退除爲小分，命十爲限，即月食之大小分。

其食不滿大分者，雖交而數淺，或不見食也。

求日月食分：

日食去交定分，食限在 $\frac{1}{3}$ 以下，則用

$2\times$去交定分 $=$ 類同陽厤食分　　以上，則用

食限 $-$ 去交定分 $=$ 陰厤食分

$$\frac{10\times\text{陰陽厤食分}}{976}=\text{大分}+\text{不盡數}$$

不盡數，退除爲小分，命十爲限，即日食大小分。

月食去交定分，食限在 $\frac{1}{3}$ 以下，食既；以上，則由：

$$\frac{10(\text{食限}-\text{去交定分})}{892}=\text{大分}+\text{不盡數}$$

不尽数，退除為小分，命十為限，即月食大小分。

食分不滿大分，雖交數浅，或不見食。

求日食汎用刻分，置陰陽曆食分於上，列一千九百五十二於下，以上減下，餘以乘上，滿二百七十一，除之，為日食汎用刻分。

求日食汎用刻分：

$$\frac{(1952-\text{陰陽食分})\text{陰陽食分}}{271}=\text{日食汎用刻分}$$

求月食汎用刻分，置去交定分，自相乘，交初以四百五十九除，交中以五百四十除之，所得交初，以減三千九百，交中，以減三千三百一十五，餘為月食汎用刻分。

求月食汎用刻分：

在交初，則為：

$$\frac{3900-\text{去交定分}^2}{459}$$

在交中，則為：

$$\frac{3315-\text{去交定分}^2}{540}$$ 皆為月食汎用刻分

求日月食定用刻分，置日月食汎用刻分，以一千三百三十七乘之，以所直度下月行定分除之，所得為日月食定用刻分。

求日月食定用刻分：

$$\frac{1337\times\text{日月食汎用刻分}}{\text{度下月行定分}}=\text{日月食定用刻分}$$

求日月食虧初復滿時刻，以定用刻分，減食甚小餘，爲虧初小餘，加食甚爲復滿小餘。各滿辰法爲辰数，不盡滿刻法除之，爲刻数，不滿爲分，命辰数從子正算外，即得虧初復末辰刻及分。

若以立辰数加之，即命從時初也。立辰数当爲半辰数形近而譌

求日月食虧初復滿時刻：

定用刻分，爲虧初或復滿距食時刻的相当分数。

食甚小餘 − 定用刻分 ＝虧初小餘，

食甚小餘 ＋ 定用刻分 ＝復滿小餘，

$$\frac{\text{虧初小餘或復滿小餘}}{\text{辰法}}=\text{辰数}+\text{不尽数}$$

不尽数，以刻法，除爲刻数，不滿爲分，除子正爲辰数起算点外，得虧初復末辰刻及分。

若用半辰数加之，即命从夜半時初。

求日月食初虧復滿方位，其日食在陽厤者，初食西南，甚於正南，復於東南。日在陰厤者，初食西北，甚於正北，復於東北。

其食過八分者，皆初食正西，復於正東，其月食者，月在陰厤，初食東南，甚於正南，復於西南，月在陽厤，初食東北，甚於正北，復於西北。其食八分已上者，皆初食正東，復於正西。

此皆審其食甚所向，據午正而論之，其食餘方審其斜正，則初虧復滿，乃可知矣。

求日月食虧初复滿方位：

日食在陽厤時，在赤道以南，故初虧起西南，甚於正南，復於東南。日食在陰厤時，在赤道以北，故初虧起西北，甚於正北，復於東北。

若食八分以上，皆初食正西，復於正東。

月食，月在陰厤，初食東南，甚於正南，復於西南。月在陽厤，初食東北，甚於正北，復於西北。若食八分以上，初食正東，復於正西。

此皆据午正論食甚所向，至於食餘方位，須視斜正，庶可判其虧初復滿。

求月食更點定法，倍其望晨分五而一，爲更法，又五而一爲點法。

若依司晨星注厤，同内中更點，則倍晨分，減去待旦十刻之分，餘五而一爲更法，又五而一爲點法。

求月食更點定法：

$$\frac{2\times\text{望晨分}}{5}=\text{更法}$$

$$\frac{\text{更法}}{5}=\text{點法}$$

若依司晨星注厤，同内中更點，須由：

$$\frac{2\times\text{晨分}-\text{待旦10刻所需之分}}{5}=\text{更法}$$

$$\frac{\text{更法}}{5}=\text{點法}$$

求月食入更點，各置初虧食甚復滿小餘，如在晨分以下者加晨分，如在昏分以上者，減去昏分，餘以更法除之爲更數，不滿以點法除之爲點數，其更數命初更筭外，即各得所入更點。

求月食既内外刻分，置月食去交分，覆減食限三之一，不及減者爲食不既餘列於上位，乃列三之二於下，以上減下，餘以下乘上，以一百七十除之，所得以定用刻分乘之，滿汎用刻分除之，爲月食既内刻分，用減定用刻分，餘爲既外刻分。

求月食入更點　求月食既内外刻分　兩項与崇天厤同術，数值相異，筭理一致。

求日月帶食出入所見分數，視食甚小餘，在日出分以下者，爲月見食甚，日不見食甚，以日出分減復滿小餘，若食甚小餘，在日出分巳上者，爲日見食甚，月不見食甚，以初虧小餘，減日出分，各爲帶食差。

若月食既者，以既内刻分減帶食差，餘乘所食分，既外刻分而一，不及減者，即帶食既出入也。

以乘所食之分，滿定用刻分而一，即各爲日帶食出月帶食入所見之分，

凡虧初小餘多如日出分，爲在晝，復滿小餘多如日出分，爲在夜，不帶食出入也。

若食甚小餘，在日入分以下者，爲日見食甚，月不見食甚，以日入分減復滿小餘，若食甚小餘在日入分巳上者，爲月見食甚，日不見食甚，以初虧小餘減日入分，各爲帶食差，

若月食既者，以既内刻分減帶食差，餘乘所差分，既外刻分而一，不及減者，即帶食既出入也。

以乘所食之分，滿定用刻分而一，即各爲日帶食入月帶食出所見之分。

凡虧初小餘，多如日入分爲在夜，復

滿小餘少如日入分，為在晝，並不帶食出入也。

求日月帶食出入所見分數：

視食甚小餘，小於日出分，為月食見食甚，日食不見食甚，則由：復滿小餘 − 日出分 = 帶食差

食甚小餘，大於日出分，為日食甚見食，月食不見食甚，則由：日出分 − 虧初小餘 = 帶食差

定用刻分：食分 = 帶食差：帶食所見之分 x

$$x=\frac{食分\times 帶食差}{定用刻分}$$

若月食既時，則由：

$$\frac{(帶食差-既内刻分)食分}{既外刻分}=所見之分$$

若不足減，表示帶食既出入。

虧初小餘在日出分以上，為在晝；復滿小餘，在日出分以下，為在夜，表示不帶食出入。

食甚小餘，小於日入分，則為日食見食甚，月食不見食甚，則由：復滿小餘 − 日入分 = 帶食差，

食甚小餘，大於日入分，則為日食不見食甚，月食見食甚，則由：日入分 − 初虧小餘 = 帶食差

同理 $\frac{食分\times 帶食差}{定用刻分}$ = 日帶食入，月帶食出所見之分

若月食既時，則由：

$$\frac{（帶食差－既內刻分）食分}{既外刻分}＝所見之分$$

不足減時，即示帶食既出入。

虧初小餘，在日入分以上，為在夜；復滿小餘，在日入分以下，為在晝，均不帶食出入。

步五星術

木星終率一千五百五十五萬六千五百四

終日三百九十八日 餘三萬四千五百四，約分八千八百四十七。

曆差六萬一千七百五十

見伏常度一十四度

變段	變日	變度	曆度	初行率
前一	一十八日	四度	二度九十二	二十一六十四
前二	36日	七度四十七	五度四十六	一十一六十四
前三	36日	六度四十	四度六十八	一十九五十五
前四	36日	四度二十七	三度一十二	一十五四十二
前留	二十七日			
前退	46日四十四	五度三十二	空度六十四	
後退	46日四十四	五度三十二	空度六十四	一十四八十九
後留	二十七日			
後四	36日	四度二十七	三度一十二	
後三	36日	六度四十	四度六十八	一十五九十九

後二	36日	七度四十七	五度四十六	一十九八十六
後一	18日	四度	二度九十二	二十一八十

火星終率三千四十一萬七千五百三十六

終日七百七十九日餘三萬六千五百三十六，約分九千三百六十八。

麻差六萬一千二百四十

見伏常後一十八度

變段	變日	變度	麻度	初行率
前一	70日	52度	49度二十九	75-空
前二	70日	50度三十三	47度七十	73三十三
前三	70日	46度九十七	44度五十二	69九十八
前四	70日	40度二十六	38度一十六	63六十六
前五	70日	26度八十四	15度四十四	47二十二
前留	11日			
前退	28日九十七	9度五	2度二十四	
後退	28日九十七	9度五	2度二十四	40六十四
後留	11日			
後五	70日	26度八十四	25度四十四	
後四	70日	40度二十六	38度一十六	51度三十六
後三	70日	46度九十七	44度五十二	64二十二
後二	70日	40度三十三	47度七十	70四十六
後一	70日	52度	49度二十九	73五十六

土星終率一千四百七十四萬五千四百四十六

終日三百七十八 餘三千四百四十六 約分八百八十三

麻差六萬一千三百五十

見伏常度一十八度半

變段	變日	變度	麻度	初行率
前一	21日	2度五十	1度五十四	14四十一
前二	42日	4度二十九	2度六十四	11三十三
前三	42日	2度八十六	1度七十六	8八十五
前留	35日			
前退	49日四	3度二十三	空度四十八	
後退	49日四	3度二十三	空度四十八	8五十七
後留	35日			
後三	42日	2度八十六	1度七十六	
後二	42日	4度二十九	1度六十四	9一十八
後一	21日	2度五十四	1度五十四	11三十九

金星終率二千二百七十七萬二千一百九十六

終日五百八十三日 餘三萬五千一百九十六，約分九千二十四

見伏常度一十一度少

變段	變日	變度	初行率
前一	38日五十	49度七十五	129五十三
前二	38日五十	49度三十七	128八十三
前三	38日五十	48度五十九	126四十三
前四	38日五十	47度二	124五十七

前五	38日五十	43度九十九	118八十八
前六	38日五十	47度六十三	107四十八
前七	38日五十	35度八	84六十八
夕留	7日		
夕退	8日九十五	4度六十三	62二十
夕伏退	6日五十	4度七十五	83九十四
晨伏退	6日五十	4度七十五	62二十
晨退	8日九十五	4度六十三	
晨留	7日五十		
後七	38日五十	35度八	
後六	38日五十	37度六十二	87度九十四
後五	38日五十	43度九	109二十三
後四	38日五十	47度二	119九十九
後三	38日五十	48度五十九	124九十九
後二	38日五十	49度三十七	127六十三
後一	38日五十	49度七十五	128九十二

水星終率四百五十一萬九千一百八十四 改九千一百九十四

終日一百一十五日 餘三萬四千一百八十四 約分八千七百六十四

見伏常度一十八度

變段	變日	變度	初行率
前一	15日	33度	247五十
前	30日	33度	176

前留 3日

夕伏退 9日九十四 8度六

晨伏退 9日九十四 8度六 136七十二

後留 3日

後二 30日 33度

後一 15日 33度 192五十

$$\frac{\text{木星終率 } 15558504}{\text{元法 } 39000} = \text{終日 } 398\text{日}\frac{34504}{39000}$$
$$= 398\text{日}.88047$$

麻差規定爲 61750 与崇天麻步五星術中歲差相似。

見伏常度，即木星得見時，距日度数爲 14°

变段、變日、麻度、初行率、變度 五項表示木星經过各段的运动情况，和崇天麻及以前諸麻同。

所謂前一、前二、前三及後一、後二、後三等對称錯列，是将崇天麻前伏、前疾初……後遲初……等分爲前後四段目，以归簡易，餘和崇天麻同。

其餘四星倣此，惟金水二星，附日而行，不設麻差。

冬至當爲各以之誤一小宋天

求五星天正冬至後諸段中積中星，置氣積分冬以其星終率去之，不盡覆減終率，餘滿元曆對勘之，可證。

法爲日，不滿退除爲分，即天正冬至後其星平合中積，重列之爲中星，因命爲前一段之初，以諸段変日変度累加減之，即爲諸段中星。

変日加減中積、
変度加減中星。

求木火土三星入曆，以其星曆差乘積年，滿周天分去之，不盡以度母除之，爲度，不滿退除爲分，命曰差度，以減其星平合中星，即爲平合入曆度，以其星其段曆度加之，滿周天度分即去之，各得其星其段入曆度分。

金水附日而行，更不求曆差，其木火土三星前変爲晨，後変爲夕，金水二星，前変爲夕，後変爲晨。

求五星天正冬至後諸段中積中星　求木火土三星入曆，和崇天曆同術。

求木土火三星諸段盈縮定差，木土二星，置其星其段入曆度分，如半周天以下者，爲在盈，以上者減去半周天，餘爲在縮，置盈縮度分，如在一象以下者爲在初限，以上者覆減半周天，餘爲在末限。置初末限度及分於上，列半周天於下，以上減下，以下乘上，木進一位，土九因之。皆滿百爲分，分滿百爲度，命曰盈縮定差。其火星置盈縮度分，如在初限以下者，爲在初，以上者覆減半周天，餘為在末。

以四十五度六十五分半，為盈初縮末限度，以一百三十六度九十六分半，為縮初盈末限度分。

置初末限度於上，盈初縮末三因之。列二百七十三度九十三分於下，以上減下，餘以下乘上，以一十二乘之，滿百為度，不滿百約為分，命曰盈縮定差。

若用立成法，以其度下損益率，乘度下約分，滿百者，以損益其度下盈縮差度，為盈縮定差，若在留退段者，即在盈縮汎差。

求木火土三星諸段盈縮定差：

木土視其段入曆度分，小於半周天為在盈，大於半周天，減去之，為在縮。

視在盈或在縮度分，在一象以下，為在初限，以上，則由：半周天－盈縮度分，為在末限。乃由：（半周天－初末限度分）初末限分=K，（木星 $\frac{10\times K}{100}$，土 $\frac{9\times K}{100}$）各為分，分滿百為度，命為盈縮定差。

火星盈縮度分，初限以下為在初；以上，則由：半周天－盈縮度分為在末，

（以45°65′.5為盈初縮末限度分，以136°96′.5為縮初盈末限度分。）

乃由 $\frac{(273°93'-初末限度)初末限度\times 12}{10000}=整度+不尽数$

不尽数，不满百約為分，命為盈缩定差。

如初末度，在盈初缩末時，则改成：

$\frac{(273°93'-3\times 初末限度)3\times 初末限度\times 12}{10000}$

（若用表求之，则：

$\frac{度下損益率\times 度下約分}{100}=K$

度下盈缩差度 $\pm$ K = 盈缩定差

若在留退段，即以之為盈缩汎差。）

求木火土三星留退差，置後退後留盈缩汎差，各列其星盈縮極度於下，

木極度八度三十三分，火極度二十二度五十一分，土極度七度五十分。

以上減下，餘以下乘上，木土三因之火倍之。皆满百為度，命曰留退差，後退初半之後留全用。其留退差在盈益減損加，在缩損減益加，其段盈缩汎差為後退後留定差。因為後退初段定差，各須類会前留定差，觀其盈缩，察其降差也。

求五星諸段定積，各置其星其段中積，以其段盈縮定差，盈加縮減之，即其星其段定積及分，以天正冬至大餘及約分加之，滿紀法去之，不盡命甲子筭外，即得日辰。

其五星合見伏，即爲推筭段定日，
後求見伏合定日，即麻注其日。

求五星諸段所在月日，各置諸段定積，以天正閏日及約分加之，滿朔策及分去之，爲月數，不滿爲入月以來日數及分，其月數命從天正十一月筭外，即其星其段入其月經朔日數及分。

定朔有進退者，亦進退其日，以日辰爲定。若以氣策及約分去定積，命從冬至筭外，即得其段入氣日及分。

求五星諸段加時定星，各置其星其段中星，以其段盈縮定差，盈加縮減之，即五星諸段定星，若以天正冬至加時黄道日度，加而命之，即其段加時定星所在宿次。

五星皆以前留爲前退初
定星，後留爲後順初定星。

求五星諸段初日晨前夜半定星，木火土三星，以其星其段盈縮定差，与次度下盈縮定差相減，餘爲其度損益差，以乘其段初行率，

一百約之，所得以加減其段初行率，
在盈益加損減，
在缩益減損加。

以一百乘之，爲初行積分，又置一百分，亦依其数加减之，以除初行積分，爲初日定行分，以乘其段初日約分，以一百約之，順減退加其段定星，爲其段初日晨前夜半定星，以天正冬至加時黄道日度，加而命之，即得所求。
金水二星，直以初行率，便爲初日定行分。

求木火土三星留退差　求五星諸段定積
求五星諸段所在月日　求五星諸段加時定星
求五星諸段初日晨前夜半定星

崇天厤求五星諸変盈缩定差，乃計算火土留退差，明天厤求木火土三星留退差，实与之同。餘四項明天厤与崇天厤術文雖小异，算法全同。

求太陽盈縮度，各置其段定積，如二至限以下爲在盈，以上者去之，餘爲在縮。又視入盈縮度，如一象以下者，爲在初，以上者，覆減二至限，餘爲在末。置初末限度及分，如前日度術求之，即得所求。

若用立成者，直以其度下損益分，乘度餘，百約之，所得損益其度下盈縮差，亦得所求。

求太陽盈縮度：

段定積小於二至限，為在盈，大於則減去二至限，為在縮。

盈縮度分，在一象以下為在初，以上則由：二至限－盈縮度分，為在末。

置初末限度分，用相減相乘法，如前步日躔術篇中求日度術求之，得太陽盈縮度。

若以求立成，即以：

$$\frac{\text{度下損益分} \times \text{度餘}}{100} = K$$

度下盈縮差 ± K，亦得所求。

求諸段日度率，以一段日辰相距為日率，又以二段夜半定星相減，餘為其段度率及分。

求諸段平行分，各置其段度率及分，以其段日率除之，為其段平行分。

求諸段日度率　求諸段平行分　兩項与崇天曆同。

求諸段汎差，各以其段平行分，與後段平行分，相減，餘為汎差，併前段汎差，四因之，退一等，為其段總差。

五星前留、前後留、(衍一前字)後一段，皆以六因平行分，進一等，爲其段總差。水星爲半總差。其在退行者，木火土以十二乘其段平行分，退一等，爲其段總差。金星退行者，以其段汎差爲總差，後交則反用初末。水星退行者，以其段平行分爲總差。若在前後順第一段者，乃半次段總差，爲其段總差。

求諸段总差：

其段平行分 干 後段平行分 = 本段汎差

$$\frac{(\text{本段汎差}+\text{前段汎差})4}{10}=\text{其段总差}$$

五星前留、後留、後一段，皆以

$$\frac{6\times\text{平行分}}{10}=\text{其段總差}$$

水星爲半總差。木火土在退行時，則以

$$\frac{12\times\text{其段平行分}}{10}=\text{其段總差}$$

金星退行時，以其段汎差爲总差，後交則用初末。水星退行時，以其段平行分爲总差。若在前順、後第順一段，則将次段总差，半之，爲其段總差。

求諸段初末日行分，各半其段總差，加減其段平行分，爲其段初末日行分。

前變加爲初，減爲末；後變減爲初，加爲末。其在退段者，前則減爲初，加爲末；後則加爲初，減爲末。若前後段行分多少不倫者，乃平注之，或總差不備大分者，亦平注之，皆類會前後初末，不可失其衰殺。

求諸段初末日行分：

$$\frac{段平行分 \pm 其段總差}{2} = 段初段初末日行分$$

若前段加爲初，減爲末；後段減爲初，加爲末。在退段前則減爲初，加爲末；後則加爲初，減爲末。若前後段行分多少不等，或總差不備大分，須平注之；然後定其前後初末，不可失其衰殺。

求諸段日差，減其段日率一，以除其段總差，爲其段日差。後行分少爲損，後行分多爲益。

求每日晨前夜半星宿次，置其段初日行分，以日差累損益之，爲每日行分，以每日行分累加減其段初日晨前夜半宿次，命之，即每日星行宿次。

徑求其日宿次，置所求日減一，以乘日差，以加減初日行分，後少減之，後多加之。爲所求日行，乃加初日行分而半之，以所求日數乘之，為徑求積度，以加減其段初日宿次，命之，即徑求其日星宿次。

求五星定合定日，木火土三星，以其段初日行分減一百分，餘以除其日太陽盈縮分，為日，不滿退除為分，命日距合差日及分，以差日及分減太陽盈縮分，餘為距合差度，以差日差度盈減縮加。金水二星平合者，以百分減初日行分，餘以除其日太陽盈縮分為日，不滿退除為分，命曰距合差日及分，以減太陽盈縮分，餘為距合差度，以差日差度盈加縮減。金水星再合者，以初日行分，加一百分，以除其日太陽盈縮，餘為日，不滿退除為分，命曰再合差日，以減太陽盈縮分，餘為再合差度，以差日差度盈加縮減差度則反其加減。皆以加減定積為再合定日，以天正冬至大餘及約分，加而命之，即得定合日辰。

求五星定見伏，木火土三星，各以其段初日行分，減一百分，餘以除其日太陽盈縮分為日，不滿退除為分，以盈減縮加，金水二星夕見晨伏者，以一百分減初行日分，餘以除其日太陽盈縮分，為日，不滿退除為分，以盈加縮減，其在晨見夕伏者，以一百分加其段初日行分，以除其日太陽盈縮分為日，不滿退除為分，以盈減縮加，皆加減其段定積，為見伏定日，以加冬至大餘及約分，滿紀法去之，命從甲子算外，即得五星見伏定日日辰。

求諸段日差　求每日晨前夜半星行宿次

求五星定合定日　求五星定見伏

四項和崇天曆小異，算同。

琮又論曆曰：古今之曆，必有術過於前人，而可以為萬世之法者，乃為勝也。

周琮論曆说：古今各家曆法，其中必有曆術实過前人，可以作為萬世的規範，這是好的。

若一行為大衍曆議及略例，校正。曆世，以求曆法强弱，為曆家体要，得中平之數。

一行作《大衍曆議》及《略例》，校正古來曆法，以求曆法的强弱數值，為曆家体要，得中平的數值。

刘焯悟日行有盈縮之差。

舊曆推日行平行一度，至此方悟日行有盈縮。冬至前後定日八十八日八十九分。

夏至前後定日九十三日七十四分。冬至前後日行一度有餘，夏至前後日行不及一度。

刘焯理解到太陽的运行視位置有盈缩的差異。舊厤計算太陽运行，每日平行一度，到皇極厤方始提出日行盈缩。冬至前後定日為88日89分，夏至前後定日為93日74分。冬至前後日行，大於一度，夏至前後日行不及一度。

李淳風悟定朔之法，并氣朔閏餘，皆同一術。舊厤定朔平注一大一小，至此以日行盈縮，月行遲疾，加減朔餘，餘為定朔。望加時以定大小，不過三數。自此後日食在朔，月食在望，更無晦二之差。舊厤皆須用章歲、章月之數，使閏餘有差。淳風造麟德厤，以氣朔閏餘，同歸一母。

李淳風創設定朔，统一氣、朔、闰餘的計算。舊厤改用定朔，仍以一大一小，平分注厤。至李淳風時，始以日行盈缩，月行遲疾，作為標準，用以加減朔餘，以定定朔、望加時的大小，使月份大小相連，不過三數。此後，日食在朔，月食在望，日食沒有在晦日，或初二的誤差。舊曆都用章歲、章月，閏餘有差。李淳風造麟德曆，設總法，使氣朔閏餘，同歸一母。

張子信悟月行有交道表裏，五星有入氣加減。

北齊學士張子信，因葛榮亂，隱居海島三十餘年，專以圓儀，揆測天道，始悟月行有交道表裏。在表爲外道陽曆，在裏爲內道陰曆。月行在內道，則日有食之。月行在外道，則無食。若月外之人，北戶向日之地，則反觀有食。又舊曆五星率無盈縮，至是始悟五星，皆有盈縮加減之數。

張子信理解月球运行，与黄道相交，月道有表裏，五星运行有入氣加減。

北齊張子信，避葛荣乱，隐居海島三十餘年，專用圓儀测度天体运行。从实践中理解到月行有交道表裏的區别。表爲外道，称爲陽曆；裏爲内道，称爲陰曆。月行内道，生日食；月行外道，则無食。若人在月外，北户向日的地方，反观有食。旧曆五星推步，不計盈缩，張子信認爲五星跟着日行，皆有盈缩加減數。

宋何承天始悟測景，以定氣序。

景極長冬至，景極短夏至。始立八尺之表，連測十餘年，即知舊景初厤冬至，常遲天三日，乃造元嘉厤。冬至加時，比舊退減三日。

宋何承天理解到从实测日影中，来定節氣的次序。

冬至影極長，夏至影極短。何承天立八尺表連測十餘年，知楊偉的景初厤冬至迟天三日，乃造元嘉厤。冬至加時比旧厤退減三日，以符客观天体的运行。

晉姜岌始悟，以月食所衝之宿，爲日所在之度。

日所在不知宿度，至此以月食之宿所衝，爲日所在宿度。

晉姜岌理解，從月食時，月球所衝之宿，来明確計算太陽所在之度。

太陽所在宿度，不能直接观測。姜岌發見從月食所衝的宿度，日月相對，以計日所在宿度。

後漢刘洪作乾象厤，始悟月行有遲疾數。

舊厤月平行十三度十九分度之七，至是

始悟月行有遲疾之差，極遲則日行十二度强，極疾則日行十四度太，其遲疾極差五度有餘。

後漢刘洪作乾象厤，始悟月行有迟疾数。

舊厤都以月平行13°又$\frac{7}{19}$分度，注厤。刘洪始知月行有迟疾差，最迟日行十二度强，最疾日行十四度太。迟疾極差达五度有餘。

五度五疑為二之譌

宋祖冲之始悟歲差。

書堯典曰：日短星昴，以正仲冬；宵中星虚，以殷仲秋。至今三千餘年，中星所差三十餘度，則知每歲有漸差之数。造大明厤，率四十五年九月，而退差一度。

宋祖冲之始悟歲差。

《尚書·堯典》曰："日短星昴，以正仲冬；宵中星虚，以殷仲秋。"這是三千餘年前事。今冬至日所在，差达三十餘度，中星所在，亦差三十餘度，可知中星每歲有漸差数。他作大明厤，规定四十五年九月，退差一度。

唐徐昇作宣明厤，悟日食有氣刻差数。

舊厤推日食皆平求食分，多不允合。至是推日食以氣刻差数增損之，測日食分稍近天驗。

唐徐昇作宣明厤，理解日食有氣差、刻差。

舊推日食，不加差数，逕求食分，不能和天行相合。徐昇始用氣差、刻差，以加減日食小餘，所測日食分數，稍稍和实际相近。

明天厤悟日月会合爲朔，所立日法積年有自然之數，及立法推求晷景，知氣節加時所在。

知当爲和之譌

自元嘉厤後，所立日法，以四十九分之二十六爲强率，以十七分之九爲弱率，併强弱之數，爲日法、朔餘。自後諸厤效之，殊不知日月會合爲朔，併朔餘、虚分爲日法，蓋自然之理，其氣節加時，晉漢以來，約而要取，有差半日。今立法推求，得盡其數。

明天厤理解日月会合爲朔，所立日法、積年，有自然之數，及立法推求晷景，和氣節加時所在。

自何承天創調日法，以 $\frac{26}{49}$ 爲强率，以 $\frac{9}{17}$ 爲弱率，併强弱之率，爲元嘉厤的日法及朔餘。自後諸厤效之，却不知日月会合爲朔；朔餘，和朔虚分相加爲日法，都是反映客观的自然数值，不是人为所致的。至于氣節加時，晉漢以來，已相差半日。今本麻特為立法測景，計算糾正誤差，使氣節加時，窮究其值。

後之造麻者，莫不遵用焉。其踈謬之甚者，即苗守信之乾元麻，馬重積之調元麻，郭紹之五紀麻也。大槩無出於此矣。

以上所述各端，此後麻家都是遵用的。其中最為踈謬的，是苗守信的乾元麻，馬重績的調元麻，郭獻之的五紀麻。大概不出此數家了。

積為績誤　郭紹之五紀麻当為郭獻之五紀麻

然造麻者，皆須会日月之行，以為晦朔之數，驗春秋日食，以明强弱。其於氣序，則取驗於傳之南至。其日行盈縮，月行遲疾，五星加減，二曜食差，日宿月離，中星晷景，立數立法，悉本之於前語。然后較驗上自夏仲康五年九月，辰弗集于房，以至於今。其星辰氣朔日月交食等，使三千年間，若應準繩，而有前有後，有親有踈者，即為中平之數。乃可施於後世。

但造麻应注意数事：须会明日月的行度，以為推求晦朔的數值依據。較驗春秋日食，以明厤法强弱。至於氣序，則取驗於左傳的日南至。它如日行盈缩，月行遲疾，五星加減，两曜食差，日宿月離，中星晷景，关於這些立数立法，都是根据以上所说。這些条件符合，然後用它較驗上自夏仲康五年九月，辰弗集於房，以至於今，凡星辰氣朔日月交食等，三千年间，若準绳相应。其间有前有後，或親或踈，得中平之数，乃可施於後世。

其較驗，則依一行、孫思恭。取数多而不以少得爲親密。較日月交食，若一分二刻以下爲親，二分四刻以下爲近，三分五刻以上爲遠。以厤注有食，而天驗無食，或天驗有食，而厤注無食者，爲失。其較星度，則以差天二度以下爲親，三度以下爲近，四度以上爲遠。其較晷景尺寸，以二分以下爲親，三分以下爲近，四分以上爲遠。若較古而得数多，又近於今，兼立法立数。得其理而通於本者，爲最也。琮自謂善厤，嘗曰：世之知厤者，甚少。近世獨孫思恭爲妙，而思恭又嘗推刘羲叟爲知厤焉。

檢驗標準，則依据一行，孫思恭两人。取数应多，不应以小有所得爲親密。較驗日月交食，若差在一分二刻以下為親，差在二分四刻以下為近，差在三分五刻以上為遠。麻注有食，实測無食；或实測有食，麻注無食；皆為差失。檢較星度，与天度差在二度以下為親，差在三度以下為近，四度以上為遠。較驗晷影尺寸，差在二分以下為親，三分以下為近，四分以上為遠。若較驗古代記録，能得數多，並和今測相近，立法之數，能深知原理，探索本源，那是最好的。周琮自说善麻，曾说：世上知麻的，甚少。近世獨孫思恭是好的，孫思恭又曾推刘羲叟是知麻的。

72、3、29、

中国古代数学简史

李俨 杜石然著　　中华 63年

《世本》："黄帝命令他的臣子羲和观测太陽，常仪观测月亮，臾区观测星气，伶伦编制音乐，大挠编制甲子纪年的方法，命令隶首作数。"见司马贞《史记》索隐引。

观测太陽、月亮、星之运行，早与甲子纪年与数发生关系。

筹算　算筹　廾　筹

古代计算不是直接用文字，而是用算筹的计算工具，按数目的多少来摆成的形式来进行计算的。

筹是一些小竹棍，进行计算叫做筹算。

许慎《说文解字》中记有一个"筭"字，一个"算"字。"筭，长六寸，所以计歷数者。从竹，弄，言常弄乃不误也。"

筭是一种计算用的工具。由竹和弄，两字合成，经常摆弄，才使计算准确无误。"算：算数也。从竹，具，读若筭。"

算是计算数目的意思，读法和筭相同。

段玉裁《说文解字注》：算字条下注有："筭为算之器，算为筭之用，二字音同而义别。"

筭是一种计算用的工具，是名词；而算则是用筭来进行计算，是动词。

《汉书·律历志》（公元一世纪）

"其算法用竹，径一分，长六寸（约140毫米）。"

《隋书·律历志》（公元七世纪）

"其算用竹，广二分，长三寸（约70毫米）。"

运用筹算计算方法

不知起于何时，春秋战国时已普遍地运用。《老子》："善计者不用筹策。"

纵式 𝍠 𝍡 𝍢 𝍣 𝍤 𝍥 𝍦 𝍧 𝍨

横式 𝍩 𝍪 𝍫 𝍬 𝍭 𝍮 𝍯 𝍰 𝍱

《孙子算经》（约公元五世纪）

凡算之法，先识其位。一纵十横，百立千僵。千十相望，万百相当。

《夏侯阳算经》（约公元八世纪）

一纵十横，百立千僵。千十相望，万百相当。满六以上，五在上方；六不积算，五不单张。

圆弧

《考工记》用圆弧大小来衡量角度的大小。"弓人为弓"："为天子之弓，合九而成规；为诸侯之弓，合七而成规；大夫之弓，合五而成规；士之弓合三而成规。""合九而成规"，指九张"天子"所用的弓合起来，恰好成一圆周；"合三而成规"，指士用的弓，三张围成一个圆周。这都是用圆弧的长度来衡量弓背弯曲的角度。

古代天文学家把一周天分为365又¼度，而太陽的视运动是每日行走1度，这也是用圆周的长度来衡量角度大小的例子。

地面观测者所见到的天体运动，叫视运动。一般说来，太陽是太陽系的中心，是不动的，但是从地面观测者看来，太陽在各个恒星间的相对位置却天天在移动，这就是太阳的视运动。太阳的视运动实际上是地球绕太阳公转的反映。

《礼记》："六年（即六岁）教之数与方名，（指学习计数的数目，方名指东南西北的方向）……九年教之数日，（指学干支记日法）

十年出就外傅(教师)，居宿于外，学书计(指学书写和计算。)

《周礼》卷一："司会""中大夫二人，下大夫四人，上士八人，中士十有六人。""府四人，史八人，胥五人，徒五十人。"

府管档案，史秘书，胥、徒掌管徭役。

《周礼》冯相氏　掌管历法"以辨四时之叙"　保章氏"掌天星以志星辰日月之变"。

史记"幽厉之世，周室微，史不记时，君不告朔，故畴人子弟分散，或在诸侯，或在夷狄。"　畴人指世代相承地掌管天文历法的人。

到了周幽王和周厉王的时候，周朝王室已经衰落，按时记事的"史"官不再"记时"，天子也不再向四方臣民颁布四时节气，(告朔也即授时之时)所以通晓天文历法的畴人子弟便分散到四方各国去了。

农业生产要求能够比较准确的预告农业季节，必然促使人们去进行历法和天文学的研究。但是历法和天文学是离不开计算，离不开数学，数学也随着发展。

公元178年

东汉末年蔡邕介绍当时天文学的派别时说："言天体者有三家，一曰周髀，二曰宣夜，三曰浑天。主张浑天学说的一派，以汉时张衡（公元78—139年）所著《灵宪》为代表。盖天以《周髀》为代表著作。浑天说世出，出现较迟，盖天说出现较先。

"天象盖笠，地法覆盘。"天象戴在头上的伞形笠笠，地象一只翻转过来的盆子。

《后汉书·天文志》刘昭注引蔡邕"表志"

测影日表　表　观测　表下　日影的长短，作为计算的数据。

周髀算经　大概是在公元前一世纪（西汉末东汉初）时成书的。不过其中内容，早已产生。

周髀中的盖天说，是利用勾股定理来进行各种数据推算的。例如：

夏至时立8尺标竿，影长6尺。假设标竿南北各移一千里，则日影差一寸。今影长6尺，那么，南下6万里，便到了太阳的正下面。在那里标竿就不会再有影子了。根据日影6、竿高8的比例，日高应该是8万里。《周髀》中说："求邪至日者，以日下为勾，以日高为股，勾股各自乘，并而开方除之，得邪至日从髀所旁至日所十万里。"亦即：

$$\sqrt{(6万)^2+(8万)^2}=10万$$

日
斜至日10万
8万
8尺
日下　6万　6尺

这种推算，从数学计算看是正确的。但是不符实际的。(一)"千里日影差一寸"的假设是错误的。唐李淳风已指出。(二)大地表面不是平面，而是球面。周髀还有许多处根据勾股定理来进行天体测量和数据推算，也都是错误的。

周髀引用四分历法。认为一年的长度是$365\frac{1}{4}$日(太阳在黄道上，每日行1度)，19年应置7个闰月。每年平均应有$12\frac{7}{19}$月：从而每个月的日数，应该是：

$$365\frac{1}{4}\div 12\frac{7}{19}=29\frac{499}{940}$$

已知一个月是 $29\frac{499}{940}$ 日，月亮每日所行度数为 $13\frac{7}{19}$，求一年12个月以后月亮所在的方位，即：

$$29\frac{499}{940}\times 12\times 13\frac{7}{19}\div 365\frac{1}{4}$$

求其最后的余数，即 $354\frac{6612}{17860}$

《九章·方程》

正负术曰：同名相除，异名相益，正无入负之，负无入正之；其异名相除，同名相益，正无入正之，负无入负之。

同符号二数相减，等于其绝对值相减；异符号二数相减，等于其绝对值相加；零数减正数得负数，零减负数得正数。异符号二数相加，等于其绝对值相减；同符号二数相加，等于其绝对值相加；零加正得正，零加负得负。设 $A>B>0$，则正负术用现代符号表示为：

减法 $\pm A-(\pm B)=\pm(A-B)$

$\pm A-(\mp B)=\pm(A+B)$

$0-(\pm A)=\mp A$

加法 $\pm A+(\pm B)=\pm(A+B)$

$$\pm A+(\mp B)=\pm(A-B)$$

$$0+(\pm A)=\pm A$$

正负数乘除法法则则在元代朱世杰所著《算学启蒙》(公元1303年)中才有明确的记载。

在中国古代的天文观测和计算中，常用强、弱来表示与某数相近的过剩值和不足值。如5.1可称为5强，4.9可称为5弱。强、弱和正、负的概念是相通的。故刘洪在所著《乾象历》(公元178—187年)中说："强正弱负，强弱相并，同名相从，异名相消；其相减也，同名相消，异名相从，无对互之。"强、弱相加减时，与正、负数相加减时是相同的。刘洪所讲的就是强、弱相加减的法则，也正是正负数加减法的法则。

祖冲之(公元429—500年)，字文远。他是南北朝宋、齐时代的一位杰出的天算学家。

祖籍河北。祖父和父亲做过南朝的官，该是出生在南方。

晋末以来，北方连年混战，中原地区人口大量迁移到南方，促使长江流域农业生产和社会经济各方面有了迅速的发展。祖冲之正是诞生在这样的时代环境里。

祖家历代对天文历法都很有研究。在家庭的影响下，祖冲之从小便对于天文学和数学发生浓厚兴趣。

在青年时代，他对刘歆、张衡、王蕃、刘徽等人的工作进行了深入细致的研究，驳正了他们的错误。以后深入钻研，作出了许多极有价值的贡献。计算到小数点后第6位数的圆周率，便是杰出的成就之一。

在天文历法方面，他曾将自古以来到他生活年代为止所有可以搜罗到的文献资料，全部整理一过，并且通过亲自观测去推算，作深切的验证。他指出当时何承天（公元370—447年）编定的历法有许多严重的错误。因此开始编制新的历法。

宋大明六年（462年），新历编成，称为大明历。他才卅三岁。就当时的科学水平说，是一部最好的历法。但遭到了朝廷中最有势人物戴法兴的反对。许多官员怕他的势力，不敢对祖冲之新历作公正的评定。祖冲之为了坚持真理，毅然地同戴法兴展开了辩论。写了一篇有名的《驳议》，逐条驳斥了戴法兴的无理责难。

这场辩论，实际上反映了当时科学发展过程中，科学与反科学，进步与保守之间的尖锐斗争。戴法兴等人认为，历代流传下来的东西都是"古人"所制，是"不可革"的，是"万世不易"的。他们认为天文历法不是"凡人"可以修改的。他们说："非冲之浅虑妄可穿凿"，甚至进一步责骂祖冲之是"诬天背经"。祖冲之对他提出了尖锐的反驳。他认为日月五星的运行"非出神怪"，是"有形可检，有数可推"，只要进行细心的观测和推算，孟子早就说过"千岁之日至（夏至、冬至）可坐而致"的话是完全可以作到的。祖冲之在《驳议》中写了两句非常有名的话，就是"愿闻显据，以覈理实"，"浮词虚贬，窃非所惧。"他希望双方都拿出真实的证据来，以便辩明真正的是非，至于造谣和诽谤，那是他丝毫也不怕的。

由于种种阻碍，大明历一直到他死后十年，在梁朝才得以颁行（公元510年）。

除天文曆法和数学之外，祖冲之对机械方面也很有研究，曾经制造过"指南车"和"千里船"。此外，他对音律也很精通，对古代的许多书籍进行过注释，甚至还写过十卷"小说"。他真不愧称得起是一位多才多艺的科学家。

《隋书·经籍志》曾记载有《长水校尉祖冲之集》二十一卷，可惜这部集子早已失传。关于他在数学方面的论著，最著名的要算是《缀术》，此外还有《九章術义注》、《重差注》等等，但都失传了。根据现存材料，只能介绍他在圆周率方面以及在球体体积计算方面的一些工作。

祖冲之的儿子祖暅之也是一位杰出的数学家。他继承了祖冲之在数学和天文曆法方面的工作，并进一步发扬光大了他父亲的成就。祖冲之的大明曆，就是经过祖暅三次上书以后，才被梁朝采用的。《缀术》一书，在许多古代图书目录中有时被题为祖暅所作。关于球体体积的计算，也是作为祖暅的工作而流传下来。祖暅很是好学不倦。传说他小时专心读书，连打雷也不觉得；走路时因考问题，撞到别人身上。

祖冲之父子二人的名字，不仅在国内引

外也受到称道，在整个世界上也受到了应有的重视。

中国古代数学史话　中华　李俨 杜石然编写
61年9月

根据现在流传下来的资料来看，就数学方面而言，祖冲之最大的成就要算是关于圆周率的计算。据史书《隋书》的记载，假如以一丈作圆的直径，祖冲之求得圆周长应该在三丈一尺四寸一分五厘九毫二秒七忽和三丈一尺四寸一分五厘九毫二秒六忽之间。这也就是求得了圆周率在

3.1415927 和 3.1415926

之间。祖冲之在公元五世纪的时候就能算得如此精确的圆周率，这种伟大的成就是具有世界意义的。一直到了十五世纪，中央亚细亚国家的数学家曾算至小数点后16位准确的圆周率，这才越过了祖冲之所保持的小数点后6位准确的记录。祖冲之的成就要比他们早一千年还多些。

祖冲之为了当时社会使用便利起见，还得出了两个分数值的圆周率。比较精密一点的，叫作"密率"，它等于 $\frac{355}{113}$（约等于3.1415929），这是一个和正确的圆周率极相接近的数值，

欧洲直到十六世纪下半世纪，才有人得出了这个分数值，比祖冲之迟了一千年以上。另一个比较简单的分数值是 $\frac{22}{7}$（相当于3.14），由于它比较简便，用起来也十分方便。

本来，人们经常应用的圆周率，达到小数点后4位作准确已经差不多足够精密了。那么，祖冲之关于圆周率的研究成果，又有什么意义呢？一位德国数学家讲得很好：在数学发展的历史上，许多国家的数学家都曾寻找过更加精密的圆周率，因此圆周率的精密程度可以作为衡量这个国家数学发展水平的标志。根据这种说法，我们就能够认识到，祖冲之的光辉成就充分表现了我国古代数学高度发展的水平。

祖冲之所以能取得这样伟大的成就，并不是偶然的。他在青年时代，研究学问，就从不迷信古人。他在虚心向古人学习的同时，也敢于推翻古人错误的结论，敢于提出自己大胆的想法，并且用实际的考查来验证自己的想法是否正确。祖冲之不但是一位数学家，同时也是一位天文学家。

祖冲之不仅受到祖国人民的敬仰，同时也得全世界的普遍推崇。不久之前，苏联科学家们在进一步研究了月球背面的照片之后，用许多世界上最著名的科学家的名字来作为月球背面的山谷和圆谷的名字，祖冲之就是其中的一个。这是苏联人民高度尊重中国历史上伟大成就的表现，也是我国全体人民的光荣。

祖冲之的儿子祖暅，也是有名的数学家。他天才地解决了曹魏时代刘徽所遗留下来的问题，算出了球体体积的精确公式。他算出这个精确公式虽然比欧洲迟，可是他所用的方法是十分巧妙的。

三国之后，经过西晋短时期的统一，中国又形成了南北朝的对峙局面。北方由于各族统治者的长期混战，大量的人口迁移到南方，使南方的经济有了迅速的发展。随着经济的发展，科学文化也得到了进步。伟大的科学家祖冲之（429—500年）便诞生在这样的时代里。

中国古代数学简史

隋唐天文学家的内插法研究

从南北朝时代起，直到隋唐时期止，在代数方面，天文历法方面的研究有了十分显著的进步。在这里，我们可以特别清楚地看到天文学和数学之间的相互促进的关系。历法的不断的改进，要求计算方法的更加精密。"内插法"或者按照现代数学术语更正确些来讲，是"等间距二次内插法"，正是在这个时期由隋朝的天文学家刘焯首先引用的。

什么是"内插法"，什么是"等间距二次内插法"，这里还要交代一下。我们知道，1，2，3，4，5，6，……的中间数值就是1.5，2.5，3.5，4.5，5.5，……。它的求法就是把相邻二数加起来再用2来除，如 $(2+3)\div2=2.5$，$(3+4)\div2=3.5$，等等。这是很简单的。但是求1，2，3，4，5，6，……的各自平方数，1，4，9，16，25，36，……的中间数，即根据已知的 $2^2=4$，$3^2=9$ 等等来求 $(2.5)^2$，就不能用上面的方法。因为 $(4+9)\div2=6.5$，而实际上 $(2.5)^2$ 却等于6.25。未作平方之前的1，2，3，4，5，6，……彼此之间的间距都是1，因此把平方后的1，4，9，16，

25，36，……称为"等间距二次数"。根据已知的"等间距二次数"来求它们的中间数，就不简单，需要创立公式。刘焯就是引用这些"等间距二次内插法"或"内插法"公式的第一个人。例如：他掌握了上面的1，4，9，16，25，36，……，就可以算出$(1.5)^2$，$(2.5)^2$……，以及$(1.7)^2$，$(2.8)^2$……，$(6.37)^2$等等。刘焯在第六世纪便掌握了这种"内插法"，这实在是一项杰出的创造。

历法的编制，特别是日、月食的预告，需要知道日月五星的准确方位。东汉以前，人们认为日月五星的运动是等速的，即每日所行距离是相等的。东汉时贾逵（公元92年）发现月亮的运行时快时慢。南北朝时代，北朝的天文学家张子信在一个海岛上对太阳进行了三十多年的观测，最后于公元527年发现太阳的视运动也是有时快，有时慢。这是因为天体的运动不是沿着圆形的轨道，而是沿着椭圆的轨道的原故。

在这种情况下，如何来计算日月五星的准确的位置呢？

显而易见，人们不能每时每刻都用观测的

方法来决定方位。例如：白天就因为太陽太亮，根本看不到其他的星，从而也不能决定太陽在各星之间的相对位置。那么怎样来计算两次观测之间这段时间内的日月五星位置呢？这就需要内插法。

内插法的计算，首先需要知道几次不同时间观测得到的数据。倘如：每两次观测之间的距离是相等的，那么便叫作等间距内插法；时间的间隔是不等的，就叫作不等间距内插法。

以下当利用现在的代数符号来说明这两种内插法。

設等间距的时间为 w，在时间为 w，$2w$，$3w$，……，nw，……时观测到的结果是 $f(w)$，$f(2w)$，$f(3w)$，……$f(nw)$，……。任意两次观测之间的某一时刻，如 w 和 $2w$ 间的某一时刻，可用 $w+s$ 表示（s 满足 $0<s<w$）。$f(w+s)$ 可由下列公式求出

$$f(w+s)=f(w)+s\Delta+\frac{s(s-1)}{2!}\Delta^2+\frac{s(s-1)(s-2)}{3!}\Delta^3+\cdots\cdots。$$

其中 Δ、Δ^2、Δ^3、……的含意如下：

設 $\Delta_1'=f(2w)-f(w)$，

$\Delta_2'=f(3w)-f(2w)$，

$\Delta_3'=f(4w)-f(3w)$，

$\Delta_1^2=\Delta_2'-\Delta_1'$，

$\Delta_2^2=\Delta_3'-\Delta_2'$，

$\Delta_1^3=\Delta_2^2-\Delta_1^2$

时，则上述公式中 Δ、Δ^2、Δ^3 等的含義是：

$$\Delta=\Delta_1'$$

$$\Delta^2=\Delta_1^2$$

$$\Delta^3=\Delta_1^3$$

其中 Δ 称为一次差，Δ^2 是二次差，Δ^3 是三次差等等。

这一公式，现在經常被人们称为牛頓内插公式，在欧洲是英国天文学家格利高里（Gregory）首先采用，其後又被牛頓（Newton）在公元十七世纪来进一步推广了的。

隋唐天文学家们所采用的内插法公式相当于只取上述公式的前三项，把 Δ^3 看成是零，而只考虑：

$$f(w+s)=f(w)+s\Delta+\frac{s(s-1)}{2!}\Delta^2$$

这种只考虑二次差的内插法，一般称做"二次内插法"。

首先应用到二次差的内插公式来进行日月五

星位置推算的就是刘焯。刘焯是隋朝著名的天文学家。公元600年时，他编制了一种新的历法，——"皇极历"。在"皇极历"中，刘焯曾经应用等间距的二次内插法来进行计算。

假如在时间 $w, 2w, 3w, \cdots\cdots$ 各点上测得的结果为 $f(w)$、$f(2w)$、$f(3w)$、……，并设

$$d_1 = f(2w) - f(w),$$

$$d_2 = f(3w) - f(2w),$$ （亦即 d_1 = 上述诸差分中的 Δ_1^1，$d_2 = \Delta_2^1$）

刘焯的计算相当于使用了如下的公式：

$$f(w+s) = f(w) + \frac{s(d_1+d_2)}{2} + s(d_1-d_2) - \frac{s^2}{2}(d_1-d_2)$$

很容易证明这公式和牛顿公式只取前三项时是相同的，只要进行一下推演就可以了。如：

$$\begin{aligned} f(w+s) &= f(w) + \frac{s(d_1+d_2)}{2} + s(d_1-d_2) - \frac{s^2}{2}(d_1-d_2) \\ &= f(w) + s\left[\frac{d_1+d_2}{2} + \frac{2d_1-2d_2}{2} - \frac{s(d_1-d_2)}{2}\right] \\ &= f(w) + s\left[d_1 + \frac{(d_1-d_2)-s(d_1-d_2)}{2}\right] \\ &= f(w) + s\left[d_1 + \frac{(s-1)}{2}(d_2-d_1)\right] \end{aligned}$$

$$=f(w)+sd_1+\frac{s(s-1)}{2}(d_2-d_1)$$

$$=f(w)+s\Delta+\frac{s(s-1)}{2}\Delta^2$$

$$(\because \Delta=d_1\quad \Delta^2=d_2-d_1)$$

唐朝中页，著名的天文学家一行和尚曾用不等间距二次内插公式来进行计算。这种计算方法被记载在他所编制的"大衍历"（公元727年）中。

假如两段时间 L_1，L_2 不相等，而在 w，$w+L_1$，$w+(L_1+L_2)$ 时所测得的结果为 $f(w)$，$f(w+L_1)$，$f(w+[L_1+L_2])$，

设 $d_1=f(w+L_1)-f(w)$，

$d_2=f(w+[L_1+L_2])-f(w+L_1)$

时，一行的不等间距公式相当于：

$$f(w+s)=f(w)+s\frac{d_1+d_2}{L_1+L_2}+s\left(\frac{\Delta_1}{L_1}-\frac{\Delta_2}{L_2}\right)$$

$$-\frac{s^2}{L_1+L_2}\left(\frac{\Delta_1}{L_1}-\frac{\Delta_2}{L_2}\right)$$

晚唐时期徐昂编造"宣明历"（公元822年）时，又把一行的不等间距二次内插公式简化成：

$$f(W+S)=f(W)+S\frac{d_1}{L_1}+\frac{SL_1}{L_1+L_2}\left(\frac{\Delta_1}{L_1}-\frac{\Delta_2}{L_2}\right)$$
$$-\frac{S^2}{L_1+L_2}\left(\frac{\Delta_1}{L_1}-\frac{\Delta_2}{L_2}\right)$$

在计算月亮的位置时，徐昂采用了等间距的二次公式，这公式的形式是：

$$f(W+S)=f(W)+Sd_1+\frac{S}{2}(d_1-d_2)$$
$$-\frac{S^2}{2}(d_1-d_2)$$

这公式更近于牛顿公式的形式，很容易简化成

$$f(W+S)=f(W)+S\Delta+\frac{S(S-1)}{2}\Delta^2,$$
$$(d_1=\Delta\quad d_2-d_1=\Delta^2)$$

各公式说明可参阅：李俨《中算家的内插法研究》，1957年版，北京科学出版社；李俨《中国数学大纲》上卷，1958年版，103—107页，北京科学出版社。

在《孙子算经》中，最有名的还要算是卷下第26题，就是通常所称的"孙子问题"。这个问题的原文是："今有物不知其数，三三数之賸二，五五数之賸三，七七数之賸二，问物几何？"这个问题，用现在代数符号作更一般化的提法，可以是这样：有一数N，以m_1除之余r_1，以m_2除之余r_2，以m_3除之余r_3，问N是多少？

假如我们用 $N\equiv r_1 \pmod{m_1}$ 来表示N以m_1除余r_1，则问题相当于求解联立一次同余式（即求出满足这些同余式的最小正整数[1]）亦即求出满足

$$\begin{cases} N\equiv r_1 \pmod{m_1} \\ N\equiv r_2 \pmod{m_2} \\ N\equiv r_3 \pmod{m_3} \end{cases}$$

的N。解法也并不困难。只要找到适当的a_1，a_2，a_3，使它们分别满足：a_1以m_1除刚好余1，而都可以被m_2，m_3整除；a_2以m_2除余1，却可以被m_1，m_3分别整除；a_3以m_3除余1，以m_1，m_2除适尽；则 $a_1r_1+a_2r_2+a_3r_3$ 就是联立一次同余式的解，而以m_1，m_2，m_3的最小公倍数屡减之，就可以得到最小正整数。

"孙子问题"不仅是一个有趣的算术问题，而且和中国古代历法的推算有密切的联系。假如在N年之前，这年冬至夜半的时候，日月五星曾经在同一个方位上（即所谓"日月如合璧，五星如连珠"），可以把这时日月五星的位置看作是一个共同的起点。日月五星的运动周期是各不相同的，所以在N年之后的某一时刻（M月P日Q时）进行观测时，它们在各自轨道上所占据的位置是不同的。若设m_1，m_2，m_3……分别是日月五星的运行周期，用它们分别除N年M月P日Q时所得的余数r_1，r_2，r_3……刚好是日月五星从现在起点到轨道上共同起点之间的距离。反转过来，若已知m_1，m_2，m_3……和r_1，r_2，r_3……，则根据孙子问题的解法，即可求出基本数N来。把这样推算得来的上古的一年称为"上元"，而N则称为"上元积年"。现在我们还不清楚"上元积年"的推算究竟是从什么时候开始的。但是在祖冲之"大明历"（公元462年）中，推算方法已经相当复杂，其中要考虑的因素有11个之多；从数学意义上讲，就是要求满足11个联立一次同余式的N。在历法推算中，各行星的周期（m_1，m_2，……）又都不是整数，因而a_1，a_2，……就不是很容易求得的。可惜的很，当时天文学家们的推算方法没有流传下来，只有到了公元十三世纪宋代数学家秦九韶写的《数书九章》（公元1247年）中才有系统的叙述。

① $N\equiv r_1 \pmod{m_1}$ 一般称为N以m_1为法时，与r_1同余。≡是同余号，法就是除数。这就是说：N和r_1这两个数，以m_1来除，余数是相同的。

隋唐时期数学的中外交流

从很早的时候起，中国和中亚各国之间以及中国和印度之间便开始了文化的相互交流。南北朝到隋唐的一段时间内，伴随着佛教的流传，中印之间的文化交流有了很大的发展。天文、医药、音乐、艺术等都是文化交流的具体内容。在这种文化交流的过程中，也包括双方的数学知识的交流在内。

据《隋书·经籍志》所载，当时已经有了印度天文学和印度数学著作的中文译本，共三种：

《婆罗门算法》三卷，《婆罗门阴阳算历》一卷，《婆罗门算经》三卷。这是关于外国数学著作译成中文的最早的记载。可惜这些书籍早已失传〕。

唐初以后，常有许多印度天文学家在当时的国家天文台（司天监）中工作，其中最著名的有瞿昙悉达。他曾担任过"太史监"的官职。在开元六年（公元718年），他把印度的《九执历》译成中文。这部历法收入瞿昙悉达所编《开元占经》（共120卷）第104卷之内，一直流传到现在。《九执历》中所介绍的数学知识有以下几个方面。

一、圆弧的量法　其中介绍了希腊人的量法，即把圆周分为360度，每度分为60分。这是现在一般通用的量法。按中国古代天文学的习惯，是把一周天按一年的日数分为365¼度。印度数学中的360度和60分的量法，并没有引起中国数学家的重视。

二、正弦函数（$\sin x$）表　《九执历》中介绍了一个三角函数的正弦函数表。这个表的间隔是3°45′，由0°到90°刚好分为24段，给出了24个正弦函数值。这个表用现代形式来表示可以写成：

段数	度数	3438 sin x	表差
第一段	3°45′	225	
第二段	7°30′	449	224
第三段	11°15′	671	222
第四段	15°	890	219
⋯⋯	⋯⋯	⋯⋯	⋯⋯
第二十四段	90°	3438	7

印度数学在三角学的研究上确有独到之处，但是也没有引起中国数学家的重视。

三、印度数码　根据《开元占经》中的记载，得知当时还有印度十进位制数码（现在全世界通行阿拉伯数码的起源）的介绍。但是中国数学家并没有采用。

正如《新唐书·历志》所说："（九执历）其算皆以字书（笔算），不用筹策。其术繁碎，或幸而中，不可以为法；名数诡异，初莫之辨也。"这说明了当时中国的天文学家和数学家保守思想是较为严重的。

郭守敬等人《授时历》中的"平、立、定三差術"

内插法计算问题和高阶等差级数的研究有密切的关系。内插法计算问题，是和历法中日月五星方位的推算密切地联系着的。

例如太阳的视运动是时间的一个二次函数，那末容易证明太阳所行路程对等间距的时刻说来，呈二阶等差级数的形式。例如太阳的运动是一个三次函数，则路程呈三阶等差级数的形式。刘焯和一行分别给出等间距和不等间距的二次内插公式，他们都把太阳的运动看成是一个二次函数来处理的。但这并不符合实际。实际上太阳的运行并不是一个二次函数，而是一个高次函数。一行曾经注意到这一点，但是由于当时的数学水平不够，他还不能得出正确的高次差内插公式。

到了公元十三世纪，这一问题方才被王恂（公元1235—1281年）、郭守敬（公元1231—1316年）等人天才地解决了。他们编定有名的《授时历》（公元1280年），就采用了三次差的内插原理来编制日月的行度表。这是《授时历》中著名的五大创造之一。

《授时历》把由冬至到春分（定春分）88.91日平均地分为6段，每段各14.82日（今设为l）。在l，$2l$，$3l$，…$6l$各点上观测太阳所行的度数，再分别减去 L，2L，3L，…6L度（太阳每日平行一度，nL日行nL度），便得出所谓"积差"，亦即：

nL日的"积差"＝nL日内的实际运行度数－nL度

然后，由后面的"积差"减去前面的"积差"，可得

	积日	积差	一差Δ	二差Δ^2	三差Δ^3	四差Δ^4
初段(0)	0	0				
			7058.0250			
第一段(L)	14.82	7058.0250		−1139.6580		
			5918.3670		−61.3548	
第二段(2L)	29.64	12976.3920		−1201.0128		0
			4717.3542		−61.3548	
第三段(3L)	44.46	17693.7462		−1262.3676		0
			3454.9866		−61.3548	
第四段(4L)	59.28	21148.7328		−1323.7224		0
			2131.2642		−61.3548	
第五段(5L)	74.10	23279.9970		−1385.0772		
			746.1870			
第六段(6L)	88.92	24026.1840				

《授时历》把一度化为一万分。表中即以10000.00为一度。

一差(Δ)各数值，由后面的一差减去前面的一差，得二差(Δ^2)各数值。同样亦可求三差(Δ^3)各数值，而四差各数均为0。

郭守敬等人并未利用三次差公式，而是根据上列各数据直接进行计算。他们又把积差用日数除了一下，称为日平差。他们是列出关于日平差的新表，然后再来进行计算的。引用日平差，只要利用二次差的公式就可以了。(如下表所示。关于日平差的表，其三差是等于0的。)其中道理很简单。

设x日的积差为$F(x)$，因为四差是0，所以$F(x)$可用一个三次函数$d+ax+bx^2+cx^3$表示。

又因为冬至当时的积差为0，即$x=0$时的$F(x)=0$，故知三次函数中的常数项d必等于0。也就是说，日平差$\frac{F(x)}{x}$可以用一个二次函数，即$\frac{F(x)}{x}=ax+bx^2+cx^3$来表示。关于日平差的各级差分，可列表如次。

欲求冬至后x日的日平差时，首先把x日化为段数，得$\frac{x}{14.82}$，由二次差公式根据本表中的一差和二差，可得：

	日平差$=\left(\frac{\text{積差}}{\text{積日}}\right)$	一差(Δ)	二差(Δ^2)	三差(Δ^3)
冬至当时	[513.32]			
		[−37.07]		
第一段末	476.25		[−1.38]	
		−38.45		0
第二段末	437.80		−1.38	
		−39.83		0
第三段末	397.97		−1.38	
		−41.21		0
第四段末	356.76		−1.38	
		−42.59		0
第五段末	314.17		−1.38	
		−43.97		
第六段末	270.20			

$$\text{冬至后}X\text{日的日平差}=\frac{F(X)}{X}$$

$$=513.32+\frac{X}{14.82}\cdot(-37.07)$$

$$+\frac{1}{2}\cdot\frac{X}{14.82}\cdot\left(\frac{X}{14.82}-1\right)\cdot(-1.38)$$

化简之，得

$$\frac{F(X)}{X}=513.32-2.46X-0.0031X^2$$

乘以日数 x，则得

冬至后 x 日的积差

$$=F(x)=513.32x-2.46x^2-0.0031x^3$$

也就是说，前述 $F(x)=ax+bx^2+cx^3$ 中的 a,b,c 分别为

$$\begin{cases} a=513.32 \\ b=-2.46 \\ c=-0.0031 \end{cases}$$

将 $x=1,2,3,4,\cdots\cdots$ 逐次代入 $F(x)$ 中，当即可以求出逐日的积差。当我们把 $1,2,3,4,\cdots\cdots$ 逐次代入时，不难发现在 $F(1)$，$F(2)$，$F(3)$，$F(4)$，$\cdots$ 中的 a 是按 $1,2,3,4,\cdots$ 的倍数增加；而 b 则按 $1^2,2^2,3^2,4^2,\cdots$，c 则按 $1^3,2^3,3^3,4^3,\cdots$ 增加。因而郭守敬等便把 a 称为定差，把 b 称为平差，把 c 称为立差。后来的清代数学家还把这种求積差的方法称为平立定三差術。

在进行逐日積差的推算中，郭守敬等并没有利用公式逐次代入日数，而是仍然利用了表算的方法。根据

$F(0)=0$

$F(1)=a-b-c$

$F(2)=2a+4b+8c$

$F(3)=3a-9b-27c$

…… ……

不難列出下列逐差分表

	F	$[\Delta F(0)]$	$[\Delta^2 F(0)]$	$[\Delta^3 F(0)]$
冬至初日	$F(0)=0$			
第1日	$F(1)=a-b-c$			
		$a-3b-7c$		
第2日	$F(2)=2a-4b-8c$		$-2b-12c$	
		$a-5b-19c$		$-6c$
第3日	$F(3)=3a-9b-27c$		$-2b-18c$	
		$a-7b-37c$		$-6c$
第4日	$F(4)=4a-16b-64c$		$-2b-24c$	
		$a-9b-61c$		
第5日	$F(5)=5a-25b-125c$			

根据這个表，可以很容易求出：

$$\Delta^3 F(0)=-6c=-0.0186$$

$$\Delta^2 F(0)=\Delta^2 F(1)-\Delta^3 F(0)$$

$$=-2b-12c+6c$$
$$=-2b-6c$$
$$=-4.9386$$
$$\Delta F(0)=\Delta F(1)-\Delta^2F(0)$$
$$=F(1)-F(0)$$
$$=a-b-c$$
$$=570.8560$$

有了 $F(0)$，$\Delta F(0)$，$\Delta^2F(0)$ 和 $\Delta^3F(0)$，很容易列出逐日的积差。也就是说，有了

	积差	一差	二差	三差
冬至初日	$F(0)=0$			
		$\Delta F(0)=570.8560$		
第1日			$\Delta^2F(0)=-4.9386$	
				$\Delta^3F(0)=-0.0186$
第2日				

之后，根据各级差分計算的原则，可以很容易算出：

	積差	一差	二差	三差
初日	0			
		510.8560		
第1日	510.8560		−4.9386	
		505.9174		−0.0186
第2日	1016.7734		−4.9572	
		500.9602		−0.0186
第3日	1517.7336		−4.9758	
		……		−0.0186
……	……		……	

這就是授时历的積差表，就是所谓"授时历立成"。立成就是数表。

总之，郭守敬等人按二次的公式算出"平、立、定三差"(即算出a，b，c)，据此再算出冬至初日的各级差分，最后再列出逐日的"积差"。虽然他们还没有明确地写出三次差的内插公式，但在一系列的数表计算当中，可以看出他们是充分掌握了三次函数的内插原理，并且不难把它推广为任意高次函数的内插法。

大衍求一術

大衍求一術，就是求解联立一次同余式问题。孙子算经中有物不知其数一题。

若用现代的数学符号记写，设按 m_i 数之，其余数为 r_i $(i=1,2,3,\cdots)$，则问题相当于求解同时满足如下各个一次同余式

$$N \equiv r_1 \pmod{m_1}$$
$$N \equiv r_2 \pmod{m_2}$$
$$N \equiv r_3 \pmod{m_3}$$
$$\cdots\cdots \qquad \cdots\cdots$$
$$\cdots\cdots \qquad \cdots\cdots$$

的所有 N 中的最小正整数值。假如这许多 m 两两互素，又能求得一串数值 $a_1, a_2, a_3, \cdots\cdots$ 使 a_i 满足

$$a_i\frac{M}{m_i} \equiv 1 \pmod{m_i},$$

其中 $M = m_1 \cdot m_2 \cdot m_3 \cdots\cdots$（诸 m_i 之积），则十分明显，

$$N = \left[r_1 a_1 \frac{M}{m_1} + r_2 a_2 \frac{M}{m_2} + r_3 a_3 \frac{M}{m_3} + \cdots\right] - \theta M$$

就是问题的解答，θ 为一正整数。适当选择 θ，即可使 N 成为满足条件的最小正整数。

这一类问题，和推算"上元积年"有密切联系。遗憾的是汉朝末年至到南宋，各家历法只举

"上元积年"的数据，没有叙述计算的方法。根据现有材料，首先系统叙述的是秦九韶。在他所著数书九章（公元1247年）第一、二两卷中，作系统的介绍。

$$a_i\frac{M}{m_i}\equiv 1 \pmod{m_i}$$

的a_i，是全部问题的关键。孙子问题可依试猜求出这些a_i来。比较复杂的便不行了。

秦九韶介绍一种名为大衍求一术的方法。这方法和现代求最大公约数的所谓欧几里得辗转相除法相类似。

首先，由$\frac{M}{m_i}$中连续减去m_i，使最后得出的G满足：$G<m_i$。这时的G当然也满足$G\equiv\frac{M}{m_i}\pmod{m_i}$。

秦九韶摆开算式，把G放在右上，把m_i放在右下，左上置一，左下让它空着。整个计算就在这个分上下左右排好的包含有四个数目的算式中进行。

1	G
0	m_i

秦九韶大衍求一术的算法原文是："先以右上除右下（以G除m_i），所得商数（Q_1）与左上一相生（相乘）入左下（加入左下，与此同时把m_i改为G除m_i时的余数R_1）。然后乃以

右行上下以少除多，递互除之（辗转相除，并不断地用新的余数去代替旧的余数），所得商数随即递互累乘，归左行上下，须使右上末后奇一而止（直算至右上角的数目变为1为止）。乃验左上所得，以为乘率（即为α_i）。

设辗转相除的历次商数为 Q_1, Q_2, Q_3, …… Q_n，余数为 R_1, R_2, R_3, …… R_n，并把左行上下历次算得的各数设为 K_1, K_2, K_3, … K_n，下列各图可以依次表示出筹式上下左右四个数目历次变化的情况。

$$\begin{bmatrix} 1 & G \\ 0 & m_i \end{bmatrix} \quad \begin{bmatrix} 1 & G \\ K_1 & R_1 \end{bmatrix} \quad \begin{bmatrix} K_2 & R_2 \\ K_1 & R_1 \end{bmatrix} \quad \begin{bmatrix} K_2 & R_2 \\ K_3 & R_3 \end{bmatrix} \quad \cdots\cdots \quad \begin{bmatrix} K_n & R_n \\ K_{n-1} & R_{n-1} \end{bmatrix}$$

图中左右两行的历次变化，又可以用现代的算式记成如下的左右两串：

$m_i = GQ_1 + R_1$	$K_1 = Q_1$
$G = R_1Q_2 + R_2$	$K_2 = Q_2K_1 + 1$
$R_1 = R_2Q_3 + R_3$	$K_3 = Q_3K_2 + K_1$
$R_2 = R_3Q_4 + R_4$	$K_4 = Q_4K_3 + K_2$
$R_3 = R_4Q_5 + R_5$	$K_5 = Q_5K_4 + K_3$
…… ……	…… ……

$$R_{n-2} = R_{n-1}Q_n + R_n \ (R_n = 1)$$

$$K_n = Q_nK_{n-1} + K_{n-2}$$

最后得到的K_n就是所求的a_i。

〔n必须是偶数。若R_{n-1}已为1（$n-1$为奇数）时，秦九韶用1除R_{n-1}，令商为$R_{n-1}-1$，则第n次的R_n仍为1。〕

通过一个具体例题，以求同余式：

$$a_1 \cdot 2970 \equiv 1 \pmod{83}$$

〔第二卷分糶推原第1题〕

对上述两串算式所表示的求一术可以有具体的了解。

此时的 $G = 2970 - 35 \cdot 83 = 65$

$m_i = 83$

两串算式分别为：

$83 = 1 \cdot 65 + 18$	$K_1 = 1$
$65 = 3 \cdot 18 + 11$	$K_2 = 3 \cdot 1 + 1 = 4$
$18 = 1 \cdot 11 + 7$	$K_3 = 1 \cdot 4 + 1 = 5$
$11 = 1 \cdot 7 + 4$	$K_4 = 1 \cdot 5 + 4 = 9$
$7 = 1 \cdot 4 + 3$	$K_5 = 1 \cdot 9 + 5 = 14$
$4 = 1 \cdot 3 + 1$	$K_6 = 1 \cdot 14 + 9 = 23$

最后当$R_6 = 1$时，$K_6 = 23$，23即为所求之a_1。

我们容易验出 $23 \cdot 2970 \equiv 1 \pmod{83}$ 成立。

要作出 $K_n = a_i$ 满足同余式

$$K_n \cdot \frac{M}{m_i} = 1 \pmod{m_i}$$

的一般证明也并不困难。

設 $L_2=Q_2$，$L_3=Q_3L_2+1$，$L_4=Q_4L_3+L_2\cdots$ $L_n=Q_nL_{n-1}+L_{n-2}$，则由上述两串等式可以算出：

$$R_1=m_i-K_1G$$

$$R_2=G-Q_2R_1=G-Q_2(m_i-K_1G)$$

$$=K_2G-L_2m_i$$

$$R_3=R_1-Q_3R_2=(m_i-K_1G)-Q_3(K_2G-L_2m_i)$$

$$=L_3m_i-K_3G$$

$$\cdots\cdots\quad\cdots$$

$$R_{n-1}=L_{n-1}m_i-K_{n-1}G$$

$$R_n=K_nG-L_nm_i$$

当 $R_n=1$时，由最后等式

$$K_nG-L_nm_i=1$$

中，显然可以推得：

$$K_nG\equiv 1\ (\mathrm{mod}\ m_i)$$

又最初时已知 G 满足 $G\equiv\frac{M}{m_i}$，故知

$$K_n\frac{M}{m_i}\equiv 1\ (\mathrm{mod}\ m_i)$$

因为求解 K_n 时，一直到求到右上角的余"奇一而止"，所以秦九韶把它称"求一術"。他更进一步把这一算法和《易經、繫辞传》中的"大衍大数"附会起来，称为"大衍求一術。"

在历法的推算中，诸 m_i 是各种天体的运行周期(如回归年，朔望月，…)，所以 m_i 不可能都是整数。秦九韶书中也曾对 m_i 的四种不同情况进行了研究，分成元数、收数、通数和复数四种。元数指一般正整数，收数指小数，通数是分数，复数指以0结尾的，即10的倍数。遇到后三种情况，秦九韶都把它们化成第一种情况之后再进行计算的。

当诸 m_i 不是两两互素时，秦九韶也有"不约一位约众位"，"约奇弗约偶"等步骤。虽然在当时还没有引入素数的概念和一个正整数的素因数分解等概念，但秦九韶也都有一定的算法来弥补这方面的欠缺。

元朝授时历只取近距，不再推算"上元积年"。明朝颁行的《大统历》基本上仍是沿用授时历，也废去了"上元积年"的算法。这在历法上可以说是一种改进，但从此为了历法的需要而产生并发展的大衍求一术也随之失传了。

直到清中叶，许多数学家钻研古代数学，方才重新"发现"了这一算法。

在欧洲，直到公元十八至十九世纪才有尤拉(Euler，公元1707—1789年)和高斯(

Gauss 公元1777—1855年）等人对联立一次同余式进行了研究。秦九韶在这方面的研究工作比欧洲早出五百多年。

授时历中的球面三角学思想

古希腊、印度和阿拉伯国家的天文学家们从很早的时候起便应用了球面三角法来进行天文方面的计算。隋唐之际，印度天文学开始传入我国，但是这种算法并没有引起中国天文学家或是数学家的重视。

在我国古代九章算术中，就曾稍稍涉及到弦、矢和弧之间关系的一些知识。如句股章中就有"今有圆材埋在壁中，不知大小。以锯锯之，深一寸，锯道长一尺，问径几何？"之类的问题。宋代科学家沈括引入了一弦、矢和弧之间的关系式。假如用现代数学符号来记写之如图，设圆的直径为d，半径为r，AB弦$=c$，CD矢$=v$，ADB弧$=s$，沈括的公式就相当于

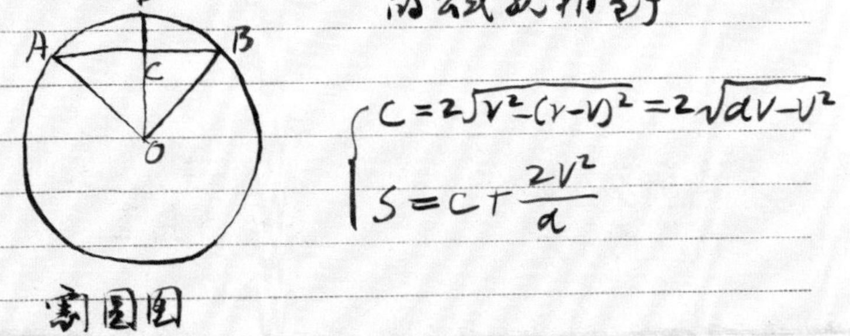

$$\begin{cases} c=2\sqrt{r^2-(r-v)^2}=2\sqrt{dv-v^2} \\ s=c+\dfrac{2v^2}{d} \end{cases}$$

割圆图

沈括把这个算法称为"会圆术"。其中第二个公式只是近似公式。

王恂、郭守敬等人所编的授时历中，在推算"赤道积度"、"赤道内外度"时，应用了沈括的"会圆术"。在推算过程中也算得了另一些关系式。发现这些关系式，标志着在数学上开辟了通往球面三角法的途径。

所谓推算"赤道积度"和"赤道内外度"，就是已知太阳位置的黄道经度，求其赤经度数和赤纬度数。如图：AD是黄道象限弧，AE

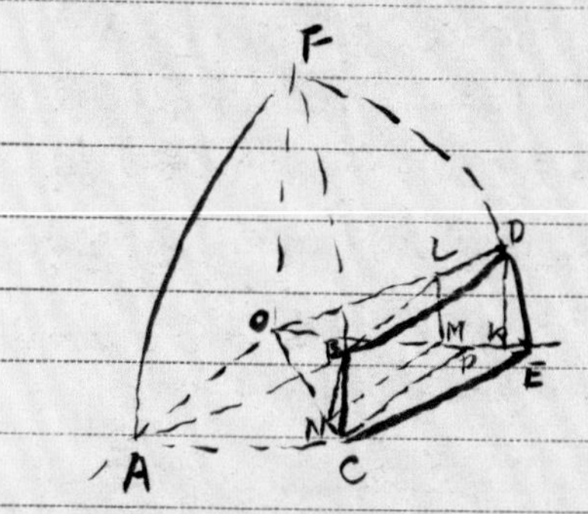

求赤道積度和
赤道内外度

弧是赤道象限弧，DE弧叫作"黄赤大距"。若太阳在AD弧上世至B点时，

BD弧即为黄道积度

CE弧即为赤道积度

CB弧即为赤道内外度

首先，举出关于黄赤大距——ED弧上矢KE的计算为例，说明会圆术的应用。

设DE弧$=S$，周天直径（$2OE$）$=d$，半径（OE）$=r$，矢$KE=V$（相当于正矢）$DK=P$（相当于正弦），$OK=q$（相当于余弦），则由会圆术公式可有：

$$\begin{cases} P=\sqrt{r^2-(r-V)^2}=\sqrt{dV-V^2} \\ S=P+\dfrac{V^2}{d} \end{cases}$$

消去P，得$V^4+(d^2-2dS)V^2-d^3V+d^2S^2=0$，解之，可求出$V$；代入$q=r-V$及$P=\sqrt{dV-V^2}$中，即可求出$q$、$P$。

授时历求赤道积度和赤道内外度，相当于已知BD弧求CE和CB弧的度数。

从B点作$BL\perp OD$，应用会圆术，同样可以求出：BD弧上的矢$LD=V_1$，半弦$LB=P_1$，余弦$OL=q_1$。

又从L作 $LM \perp OE$，由B作 $BN \perp OC$，联结 MN，则知 $MN = LB = p_1$。设BC弧上的半弦 BN 为 p_2，余弦 $ON = q_2$，矢 $NC = V_2$。

因 $\triangle OML \backsim \triangle OKD$，故知

$$BN = LM = \frac{OL}{OD} \cdot DK$$

亦即

$$p_2 = \frac{q_1 p}{r}$$

又知 $OM = \frac{OL}{OD} \cdot OK$，$ON = \sqrt{OM^2 + MN^2}$，故知

$$q_2 = \sqrt{\left(\frac{q_1 q}{r}\right)^2 + p_1^2}$$

$NC = OC - ON$，亦即：

$$V_2 = r - q_2$$

由BC弧上的矢 V_2 及半弦 p_2，再由会圆术可得

$$BC弧 = 太阳在B点处的赤道内外度 = p_2 + \frac{V_2^2}{d}$$

求赤道积度的方法与此大致相同。

$CP \perp OE$，则 $\triangle OPC \backsim \triangle OMN$。

设CE弧上的半弦 $CP = p_3$，余弦 $OP = q_3$，矢 $PE = V_3$，则根据

$$CP=\frac{OC}{ON}MN$$，可知

$$p_3=\frac{rp_1}{\sqrt{\left(\frac{q_1}{r}\right)^2+p_1^2}}$$

又根据 $OP=\frac{OC}{ON}OM$，可知

$$q_3=\frac{q_1}{\sqrt{\left(\frac{q_1}{r}\right)^2+p_1^2}}$$

又 $PE=OE-OP$，故知

$$V_3=r-q_3$$

由 P_3，V_3，根据会圆術即可得出

$$\begin{aligned}CE\text{弧}&=\text{太陽在}B\text{点时的赤經積度}\\&=P_3+\frac{V_3^2}{d}\end{aligned}$$

求赤道内外度和赤道积度的算法，实际上和球面三角法中求解直角三角形的方法是相似的。例如以 c 表示黄經 AB弧的弧度，b 表示赤經 AC弧，a 表示赤纬 CB弧，α 表示黄赤交角 ∠EOD；则以半径 r 除上述(1)，(2)，(3)三式两端，便可以得出下列的球面三角公式：

$$\sin a=\sin c\sin \alpha$$

$$\cos b=\frac{\cos c}{\sqrt{\sin^2 c\cos^2\alpha+\cos^2 c}}$$

$$\sin b=\frac{\sin c\cos\alpha}{\sqrt{\sin^2 c\cos^2\alpha+\cos^2 c}}$$

王恂、郭守敬等人虽然引入了新的计算方法，但因会圆术的误差以及采用$\pi=3$的误差都很大，所以推算出来的结果是不够精确的。他们引入了球面三角法的这一新的方法，但是这一新方法也没有得到继续发展起来。在中国天文学中，对球面三角法的全面应用，一直要推迟到公元十七世纪西洋数学输入之后。

西方数学第一次传入概况

在明朝万历年间（公元16世纪和17世纪初），中国国内的经济有了很大的发展，在某些地区的若干行业中出现了资本主义生产方式的萌芽。但是由于明末统治者的残酷剥削和明末清初若干年内连续不断的战争，社会经济非但不能继续发展，反而在相当长的一段时期内呈现出显著的停滞不前。当时的欧洲却与此相反，在公元15至16世纪的时候，便逐渐由封建社会向资本主义社会转变。到了17世纪，这种转变已在大部分地区完成。

资本主义的发展，是和掠夺原料、市场和劳动力的侵略活动分不开的。在16世纪80年代，西方资本主义发展较早的国家便已经开始了对远东和对中国的侵略。除海盗式的商人之外，还派来了作为先遣队的传教士。从此，西方的科学（包括数学）就伴随着传教士的侵略活动而陆续传入中国。

当时前来中国的传教士，大部是属于耶稣会的会士。耶稣会，是公元16世纪南欧一些国家中的反动教会势力为反对"宗教改革运动"而组成的一个反动组织。这个组织在公元1540年成立。它仇视文艺复兴以来的一切新的思潮，在罗马设立了"神学院"，并把训练出来的"有学问的会士"，明目张胆地按计划分派出去，分往全世界各地进行"传教"活动。为了完成传教任务，会士们可以不择手段，到处横行。例如在巴拉圭，就是用武力残暴地压服了土著人民的反抗，建立了由教会控制的独裁政权。当时的中国，在明朝政权统治之下，相对来讲还是比较强大的，武力征服的办法行不通，因而就用科学知识技术来作敲门砖。

公元1581年（明万历九年），耶稣会教士意大利人利玛窦（Matteo Ricci，公元1552—1610）来到中国。他是来我国进行活动的第一个耶稣会传教士。当他到达广州之后，便把带来的日晷、自鸣钟、地图、浑仪等献给当时的地方官员，用以买得他们的欢心。此后，他更逐步深入内地，进行活动。除利玛窦之外，公元十六世纪末到十八世纪末大约二百年之间，陆续前来中国进行活动的教士有几百人。他们大多数都有一个中国名字。

当利玛窦到达中国的时候，明朝所用的大统历和回回历已不合天时；特别明显的是关于日月食的预告，往往与实际天象不符。与此同时，为了防御边患，也非常需要关于火炮方面的知识。历法的修改，火炮的铸造和使用，正是当时明朝政府方面的迫切需要。当时一些爱国的知识分子也热衷于富国强兵，因而对西方的科学和技术抱有浓厚的兴趣。传教士们便利用了这一点，首先从历法的修改和编制入手，通过与上层知识分子的联系，取得皇帝的信任，再用这些手段来达到传教和进行其他侵略活动的目的。

西方数学传入的第一个阶段便是以修改历法为中心来进行的。这一个阶段可以由利玛窦来华（公元1581年）算起，一直到清朝雍正年间（公元十八世纪初期）为止，前后约一百五十余年。这一阶段西算东传的历史的主要内容有：（一）明末西算传入初期，《几何原本》、《同文算指》两书的翻译；（二）明末清初传入的西洋历法中的数学知识；（三）梅文鼎（公元1633—1721年）的数学研究工作；（四）康熙帝和《数理精蕴》的编辑。从传入数学的内容方面讲起来，在这一阶段中以欧几里得几何学、笔算法、三角法（包括平面、球面）和对数为最重要。

明末清初的改历概况

明朝行用的历法叫《大统历》。《大统历》的一切数据和计算方法都直接依据元朝郭守敬等人所编的《授时历》（公元1280年），很少改动。尽管《授时历》在编制时是比较精确的，但长期沿用而很少修改，就不免发生差错。所以到了明朝末年，按大统历推算的结果，已经和实际天象差得很多，对日月食推算的差误就更为明显。因此，修改历法就成了明末时期的一件重要工作。当时真正通晓天文历法的人不多；司天监的官员们大多数只是墨守成规，缺乏改历的能力。

在明朝，除大统历之外，还有所谓回回历。这是由"司天监回回科"所编，为回民应用的历法。回回历所根据的也是在公元十三世纪由阿拉伯国家传入的历法，到此时差错也十分显著。

这时来到中国的传教士看清了这一点，因而就想利用改历这一件事交结上层知识分子，直至最后获得皇帝的信任。这样，建议改历就使他们作为在中国传教以及进行其他侵略活动的重要关节。利玛窦深知他学识有限，因此写信请派更多通晓历算的传教士前来我国。在先后来我国的传教士中，以通历算著名的有：

龙华民 Nicolaus Longobardi，公元1559—1654年，意大利人，公元1597年来华。

邓玉函 Jean Terrenz，公元1576—1630年，瑞士人，公元1621年来华。

汤若望 Jean Adam Schall Von Bell，公元1591—1666年，德国人，公元1622年来华。

罗雅谷 Jacques Rho，公元1593—1638年，意大利人，公元1624年来华。

后来在清朝初年陆续来我国的还有：

穆尼阁 Jean Nicolas Smogolenski，公元1611—1656年，波兰人，公元1646年来华。

南怀仁 Ferdinand Verbiest，公元1623—1688年，比利时人，公元1659年来华。

明朝最初提出改历之议，还是在万历年间。

明史记载："万历庚戌（公元1610年）十一月朔，日食，历官推算多谬，朝议将修改。"当时有人主张采用西方历法，有人反对，因而改历之议，时断时续。大力推行改革历法，那是在崇祯朝的事。《西洋新法历书》说："崇祯二年（公元1629年）五月初一日，日食。礼部于四月二十九日揭三家预算日食。三家者：《大统历》、《回回历》、'新法'（即徐光启据西洋历法所推行的推算）也。至期验之，光启推算为合，至七月十四日，以徐光启督修历法，并起用李之藻。徐等荐龙华民、邓玉函、汤若望、罗雅谷诸人，入历局修历。"徐光启主张"循序渐进"，"从流溯源"，因而认为："欲求超胜，必须会通，会通之前，先须翻译。"从崇祯四年（公元1631年）起至崇祯七年（公元1634年）止。前后共五次进呈书一百三十七卷。这就是有名的《崇祯历书》。徐卒于1633年。死前推荐李天经（1579—1659）继任改历工作，第四次和第五次进呈之历书是李经的。

明史三十一卷记称："七年（崇祯七年1634年）魏文魁上言：历官所推交食节气皆非是，于是命文魁入京测验。是时言历者四家：大统、回回外，别立西洋为西局，文魁为东局，言人人殊，纷若聚讼焉。"这四家彼此互相争辩不已。通过数次测验，特别关于日、月食的推算，事实证明西法是比较准确的。到了崇祯16年（1643）八月，明朝颁发诏令，决定改历，采用西法。但不久清兵入关，明朝便灭亡了。

清兵入关之后，依靠教士编制历法。清政府把钦天监——国家天文台的印信交由传教士汤若望掌握（顺治二年，1645年）。顺治二年起，颁行引用西洋历法的新历，名曰《时宪历》。这年，汤若望把《崇祯历书》改编成《西洋新法历书》十三套共一百卷进呈。

《崇祯历书》和《西洋新法历书》把当时传入我国的天文、历法、数学汇刻一起。其中有关数学著述为：

艾儒略《几何要法》四卷

邓玉函《大测》二卷，《割圆八线表》六卷，

《测天约说》二卷

汤若望《浑天仪说》五卷，《共译各图八线表》六卷

罗雅谷《测量全义》十卷，《比例规解》一卷

〃 《筹算》一卷

另外未入历书的，波兰传教士穆尼阁在南京传教时，薛凤祚（?—1680）和方中通（1633、1698）跟他学习。薛与他合编《历学会通》有1652、64年序。其中有介绍对数两书：

《比例四线新表》一卷

《比例对数表》一卷

从西洋历法开始传入时起，新法和旧法之间经常展开斗争。这种斗争有时又和反对外国文化侵略的斗争纠结在一起。其中以清康熙初年的"杨光先案"最为激烈。杨光先认为："宁可使中夏无好历法，不可使中夏有西洋人。"但是当时传教士全被逮捕，朝廷命令他来改编历法时，却因

他毕竟对历法不够精通，推定历法屡有差失，终究仍让西洋教士重入历局。杨光先的失败，就使西洋历法最后立下了脚根。从此以后，钦天监便完全掌握在外国传教士手中，前后共达二百年左右。

梅文鼎，(1633—1721) 字定九，号勿菴，安徽宣城人。他生于明末，长于清初，这正是西方数学开始传入我国的初期。他直到二十七岁的时候才开始学习历法和数学，三十三岁参加科举考试时买到西方历算书籍，四十二岁时方才买到《崇祯历书》。梅文鼎除经人推荐曾参加编写《明史·历志》的工作之外，终身钻研数学和历法，数十年如一日，不曾有过任何间断。生平著述有八十多种。梅文鼎的子孙，通数学的人也很多，孙梅瑴成还曾被康熙帝召至宫中学习数学，并参加《数理精蕴》的编写工作。

梅瑴成于公元1761年，亦即梅文鼎死后四十年，把他的著述编为《梅氏丛书辑要》。其中所收入的都是梅文鼎在数学和天文历法方面的著作。

其中关于数学方面的有：

1.《笔算》五卷：介绍西方笔算

2.《筹算》二卷：介绍纳白尔算筹。

3.《度算释例》二卷：介绍伽里略比例规。

4.《少广拾遗》一卷：介绍中国古代的高次开十二次方法。

5.《方程论》六卷：介绍中国古代的一次联立方程解法

6.《勾股举隅》一卷：记述直角三角形勾、股、弦合、較等五术问题。

7.《几何通解》一卷：论述用勾股定理解《几何原本》二、三、四、六各卷中的某些问题。

8.《平三角举要》五卷：内容为平面三角法。

9.《方圆幂积》一卷：介绍圆方互容和球与立体的互容问题。

10.《几何补编》四卷：其中有关于四等面体、八等面体……的讨论。

11.《弧三角举要》五卷：内容为球面三角法。

12.《环中黍尺》五卷：主要是球面三角法中余弦定理的几何证明。

13.《堑堵测量》：主要是论述球面直角三角形弧角关系式的几何证明

除此之外，还有一些没有刊印的抄本著作传世。

梅文鼎的著作，几乎涉及到当时已传入的西方数学的各方面，而且他不仅是接受，也作出了初步的消化和阐发。根据《几何原本》、《同文算指》以及《崇祯历书》能融会贯通，用他的语言表述出来。梅氏精通三角法，用以推衍历法。

中国古代数学史话　中華 61年9月　李俨杜石然

《周髀算经》这部书里面，除了关于"盖天说"以及其他一些天文学方面的记载以外，从数学的角度看，有两点值得注意：第一，这部书里记载了许多比较复杂的分数计算问题，例如 $354\frac{348}{940}\times 13\frac{7}{19}\div 365$ 之类。说明当时对分数的计算已经十分熟练。第二，就是关于"勾股定理"和"勾股测量"的记载。

从南北朝到隋朝这段时期，中国的天文学有了进一步的发展。历法的不断改进，要求采用更加精密的计算方法。"内插法"，或者按照现代数学术语更正确些来讲，是"等间距二次内插法"，正是在这个时期被隋朝的天文学家刘焯（544—610年）所首先引用的。

什么是"内插法"，什么是"等间距二次内插法"，这里还要交代一下。我们知道，1, 2, 3, 4, 5, 6, ……的中间数值就是1.5, 2.5, 3.5, 4.5, 5.5, ……。它的求法就是把相邻二数加起来再用2来除，如 $(2+3)\div 2=2.5$，$(3+4)\div 2=3.5$，等等。这是很简单的。但是求1, 2, 3, 4, 5, 6, ……的各自平方数1, 4, 9, 16, 25, 36, ……的中间数，即根据已知的 $2^2=4$，$3^2=9$ 等等来求 $(2.5)^2$，就不能用上面的方法。因为$(4+9)\div 2=6.5$，而实际上$(2.5)^2$却等于6.25。未作平方之前的1,2,3,4,5,6,……继此之间的间距都是1，因此把平方后的1,4,9,16,25,36,……称为"等间距二次数"。根据已知的"等间距二次数"来求它们的中间数，就不简单，需要创立公式。刘焯就是引用这些"等间距二次内插法"或"内插法"公式的第一个人。例如他掌握了上面的1,4,9,16,25,36,……，就可以算出$(1.5)^2$，$(2.5)^2$……，以及$(1.7)^2$，$(2.8)^2$……，$(6.37)^2$等等。刘焯在第六世纪便掌握了这种"内插法"，这实在是一项杰出的创造。

唐朝僧一行比刘焯进一步采用了"不等间距二次内插法"。

沈括(1031—1095)"见繁即变，见简即用"。他这句话非常精练地概括说明了这种算术简化的趋势。

在《九章算术》一书中，曾经提到等差级数和等比级数。在这个时期，各种级数求和问题方面也有着辉煌的成就，特别是元朝郭守敬1231—

1316年、朱世杰等人更在级数求和问题的基础上，解决了高次内插的问题，提出了具有普遍意义的公式。郭守敬就是用这种更加精密的内插法来计算有名的《授时历》的。

到了明朝万历以后，社会经济虽然有了很大的发展，但是占统治地位的仍然是封建经济。然而欧洲却这个时候开始了向资本主义社会的转变，到了十六、十七世纪便进入了资本主义社会。当时欧洲的科学有了很大的发展。资本主义的发展，一开始就是和寻找原料产地、国外市场和廉价劳动力等对外的侵略活动分不开的。十六世纪八十年代，西方资本主义国家便开始对中国进行侵略，作为侵略中国的开路先锋，除了海盗商人之外，还有不少传教士。从此以后，西方国家的科学就伴随着传教士的侵略活动而传入了中国。

公元1581年（明万历9年），耶稣会士意大利人利玛窦来中国传教。他到达广州以后，把他带来的时器、自鸣钟、地图、浑仪等献给当地官吏，买得他们的欢心。从此以后，他就逐步深入内地，进行传教活动。当时明朝所用的大统历和回回历，已经不合天时，特别明显的是用这种历法推算出来的日月食出现的时间，和实际不相符合。传教士就向明朝政府建议译书改历，并以数学为基础，开始编译西方科学书籍。

公元1606年（万历34年），徐光启和传教士共译了《几何原本》（古希腊一部著名的数学著作）前6卷。这是正式传入中国的第一本西法算书。还编译过《同文算指》《圜容较义》《测量法义》《测量异同》《句股义》各书。

传教士更主要的活动是编制历法，因为他们企图通过这种活动来取得明朝皇帝的信任，以便利于进行传教和其他各种侵略活动。明朝末年徐和李编著的《崇祯历书》137卷，就是根据利玛窦介绍的西方历算法编成的。这部书到清朝又继续修订，1645年（顺治2年），在原有《崇祯历书》的基础上，编成《新法历书》100卷。在民间还有《天学初函》52卷和《历学会通》流传着。

当西方历算法开始传入我国的时候，曾经引起了一场关于新旧历法问题的争论。由于旧历算家科学水平低下，他们失败了。1644年（顺治元年）开始采用西洋新法造时宪历，并且把钦天监印信交给传教士汤若望掌握。从此以后，一直到1837年（道光17年），钦天监始终掌握在外国传教士手里，前后约有二百年之久。

在十六至十七世纪传入中国的数学有笔算、代数学（西洋借根法）、对数术、几何学、割圆术、平面、球面三角术、三角函数表以及一部分圆锥曲线说。这时微分学在欧洲虽已建立，但是因为当时从西洋来到中国的传教士的数学水平不高，没有把它传到中国来。

传教士除了以上这些活动外，还教康熙皇帝学了一些西洋历算方法。编成《律历渊源》100卷，其中《数理精蕴》专论数学。西算的输入，这是第一阶段。

雍正年间，采取"闭关"政策，数学家转向古代。古代的算经十书以及宋元数学家秦九韶、李冶、朱世杰等人的著作，都重新加以整理刻印，有些收入四库全书之中。

约有五万人写了一千种以上的算数书籍。

梅文鼎　1633—1721

陈世仁　1676—1722

明安图　？—1765

焦循 1763—1820
汪莱 1768—1813
李锐 1773—1817
项名达 1787—1850
罗士琳 1789—1853
董祐诚 1791—1823
戴煦 1805—1860
李善兰 1811—1882

梅文鼎《梅氏历算全书》30种75卷

自从1840年的鸦片战争打开了中国"闭关自守"的大门以后，随着西方资本主义列强对中国的侵略日益加深，西方数学进一步输入我国，成为西方数学输入的第二个阶段。

李善兰《代微积拾级》1859《代数学》1859年　这时解析几何学、微积分学也传入了我国

华蘅芳 1833—1902

郭守敬 1231—1316　授时历 1280

授时历捷法立成 1346年朝鲜印本

李俨《十三、十四世纪中国民间数学》

科学出版社 57年11月

中国古代数学的成就　严敦杰　56年

中华全国科学技术普及协会出版

在现实的物质世界里面，一切物体都具有一定的形式和数量；研究空间形式和数量关系的科学，就是数学。

自然科学每一部门的研究对象，都不外是我们所居住的物质世界的客观性质。化学所研究的是物质的组成变化，（从这一物质变成那一物质的现象），物理学所研究的主要是物体的运动；只有数学与其他科学不同，它所研究的是一切自然现象的共同性质——空间形式和数量。我们不论研究宇宙中哪一种现象，也不论从量的方面或质的方面来研究，都归结是要牵涉到数学计算的。

《反杜林论》"纯粹数学的对象，是现实世界的空间形式及数量关系……"空间形式指物体在空间中所表现的形式。

我国古代利用日晷来测时。从被保存下来的一个古代日晷来看，可知我国古代对圆的分度已有了初步的概念，古人对于日出日入的时间正是使用这种知识来计算的。

贵州出土的古代日晷，从所刻的数字看，大概是汉以前的。这日晷把圆周分为100等分，69等分用代表示出来，分母很大，且每母都相等。

在古代，分数计数方法发明后，被广泛应用到历法和音律。历法上都用分数代表测定数，常用的分数有 $\frac{2}{3}$（太半），$\frac{1}{2}$半，$\frac{1}{3}$少半，$\frac{1}{4}$小，$\frac{2}{4}$半 $\frac{3}{4}$太 $\frac{4}{4}$全等。音乐上把 $\frac{2}{3}$ 称为三分损一（$1-\frac{1}{3}=\frac{2}{3}$），把 $\frac{4}{3}$ 称为三分益一（$1+\frac{1}{3}=\frac{4}{3}$）。

数书九章（1247年）3056年斤 乳香

乳 三〇|||||丅

子 |

母 |||

九章算术 263年 寸以下计算到忽，以下分数

$8.6625\frac{4}{10}=8.6625\frac{2}{5}$

寸　忽　寸　忽

元朝 13世纪 刘瑾……16922.28225，小数很一样

1二Ⅲ=11　　《律吕成书》

万千百十忽=Ⅲ=11三

千百十分半

四舍五入，至迟在三国时代已经有了。三国

时代已经有了。魏景初历（237年）："半法已上排成一，不满半法弃之。"被除数叫实，除数叫法，半法就是除数的一半。隋刘焯皇极历（604年）"过半从一，无半弃之。"

北朝北魏兴和历 540年

$$757\times\frac{208530}{7513}=21011.20\doteq21011$$

$$731\times\frac{208530}{7513}=20289.55\doteq20290$$

刘焯又说"半以上为进，以下为退。退以配前为强，进以配后为弱。" 3.4＝3强　3.5＝4弱

我国很早就把零作为数。古历有以"初"表零，有以"端"表零，有以"本"表零。初是起初，端是开端，本是本末的本，都代表开始的意思。说明零是数的开始。后来，以空表零，如0°53′，就用空度五十三，来表示。

筹算用空位，代表。如7024，作 ⊥　=|||| 到12世纪采用○的记号。古书缺字用□表示，后来空位也用□表示。宋朝一本丛书里118098，作十一万八千□□九十八，□□表示空着百位。元授时历（1281年）把80.0615，写作八十〇$\overset{〇六}{一五}$。

历法计算用近似分数值表示测定数。如三统历（104年）

$29\frac{43}{81}$ 表一月的日数　$12\frac{7}{19}$ 表一年的月数

测定时未必刚好 $29\frac{43}{81}$ 和 $12\frac{7}{19}$，而是用 $\frac{43}{81}$ 和 $\frac{7}{19}$ 两分数表示测定后的余数近似值。

由于三统历规定19年七个闰年，不能和日月运行的情况完全符合，所以只是一种近似，即505年内有186个闰年。（一年不是 $12\frac{7}{19}$ 个月，而是 $12\frac{186}{505}$ 个月）"五百五年闰月之数，其中减旧十九分之一"？

$505\times\frac{7}{19}$ 个闰年

所以　$505\times\frac{7}{19}-\frac{1}{19}=186$

整理得　$505\times7-186\times19=1$

这种算法叫作求一术。

北凉的元始历（412年），以600年内有221个闰年。南北朝宋祖冲之的大明历（463年），以391年内有144个闰年，其中

$600\times7-221\times19=1$

$391\times7-144\times19=1$

所以知道这两种历法的闰年计算方法，也都是从求一术得来的。

古代历法中还有一种调日法，规定一月的天数不少于 $29\frac{9}{17}$ 天，和不多于 $29\frac{26}{49}$ 天。这分母17和49称为日法，分子9和26称为朔余，

例三的日法朔余，它该在 $\frac{9}{17}$ 和 $\frac{26}{49}$ 两个数值之间，其中

$$17\times26-9\times49=1$$

也和求一术有关。

孙子算经

$\frac{70}{3}=23$余1　　$2\times(5\times7)-3\times23=1$

$\frac{21}{5}=4$余1　　$3\times7-5\times4=1$

$\frac{15}{7}=2$余1　　$3\times5-7\times2=1$

这种一也就是求一术。

宋朝数学家秦九韶把这方法发展成为大衍求一术。便是世界闻名的中国剩余定理。

大衍求一术，在当时的历法计算上是有它重要的实用意义。一年是三百六十五天还有些奇零，一月是二十九天还有些奇零，历法规定关于年底便失去了原有的准确性，如果要合上相关于年首与当年节气、朔日相同的起点，即便要应用这方法了。

九章算术　正负术

同名相除　$(+a)-(+b)=+(a-b)$

异名相益　$(+a)-(-b)=+(a+b)$

正無入負之　$0-(+b)=-b$

負無入正之　$0-(-b)=+b$

上為正負號的減法，相除指相減，相益指相加，無入指零。

異名相除　$(+a)+(-b)=+(a-b)$

同名相益　$(+a)+(+b)=+(a+b)$

正無入正之　$(+a)+0=+a$

負無入負之　$(-a)+0=-a$　加法。

乾象历（178年）已应用正负数。印度在公元6世纪以后才提出了正负数计算的法则，至于在欧洲大陆上，直到十六世纪中叶对于正负数的意义还不能完全了解。

"强正弱负，强弱相并，同名相从，异名相消。其相减也，同名相消，异名相从。无对互之，二强进，少而弱。"（刘焯）

中国古代数学家关于近似值计算的研究，发明了"招差术"，即近代数学中所谓内插法。招差术的用途，是用它来求出插入两个数值之间的适当的数值，一般是要照数学计算上的要求。

九章算术中的盈不足术，可以说是相当于一次招差术的计算方法，近代数学中叫直线内插法。例如：

已知 $\sqrt{2}=1.4142$ 和 $\sqrt{3}=1.7321$，求 $\sqrt{2.75}$ 的数值。

$$\sqrt{2.75}=\frac{1.4142\times0.25+1.7321\times0.75}{0.75+0.25}\doteq1.652625$$

用九章算术的说法，2.75比2盈（多）0.75，比3不足（少）0.25，所以用九章算术所载的公式即得上列数值。因为从0到0.25和从0.25到1之间不相等，所以这叫作不等间距。如求 $\sqrt{2.5}$ 的数值，按上式就是 $\sqrt{2.5}=\frac{1}{2}(\sqrt{2}+\sqrt{3})$。因为2.5在2和3的中间，这叫作等间距。等间距的直线内插法，事实上就是算术级数的计算公式。

招差术在我国古代历法计算中用处很大，如已知两个节气而求两个节气之间的某一天，或已知前后两天而求两天之间的某一时间，便要用招差术了。

我国隋代作皇极历的刘焯544—610发明了等间距二次招差术，即近代数学中所谓抛物线内插法。唐代作大衍历的一行683—727更发明了不等间距的二次招差術。早在公元七世纪时我国在内插法计算上已经有这样大的贡献，是一件了不起的了，对于那同一时期的其他国家来说，是不能想像的；欧洲在十七世纪还沿用着类似盈不足法的方法来求三角函数的近似值。

到了元代，作授时历的郭守敬1231—1316更推进一步，发明了三次招差術。郭守敬是当时中国有名的天文学家和水利专家，他所作的授时历和他所监制的天文仪器都很精密。历法(天文)和水利(力学)上的每一项成就都与数学有关，实际上郭守敬也是一位傑出的数学家。和他同时的朱世傑又把历法计算中的招差术运用到高等级数计算上，从而发揚了级数论。

在刘焯一千年以后，在郭守敬四百年以后，英国科学家牛顿才提出了内插法的一般公式。近代天文学上的测定近似值计算都离不开内插法。

公元五世纪我国出了一位伟大的数学家——祖冲之429-500。隋书律历志上记载着："宋末南徐州从事史祖冲之更开密法，以圆径一亿为一丈，圆周盈数三丈一尺四寸一分五厘九毫二秒七忽，朒数三丈一尺四寸一分五厘九毫二秒六忽，正数在盈朒二限之间。密率圆径一百一十三，圆周三百五十五，约率圆径七，圆周二十二。"这便是世界公认最早和最准确的圆周率计算。

(一)祖冲之是在他以前原有的基础上"更开密法"。所谓原有基础，可靠的有两种：一种是刘徽的割圆术；一种是用近似分数代表圆率值(如三国时代王蕃用 $\pi=\frac{142}{45}$)

(二)祖冲之圆周率已计算到小数后八位。准确到小数后七位(以一亿为一丈，一亿应该是九位数字。)

(三)定 $3.1415926<\pi<3.1415927$

(四)计算出两个近似值 $\pi=\frac{355}{113}$ 和 $\pi=\frac{22}{7}$

祖冲之还著了一本数学书叫"缀术"，可惜失传了。他还发明"开差幂"和"开差立"。(差幂是二次差，差立是三次差，可能是招差术。宋朝秦九韶的数书九章内有一题叫缀术推星，是用插法计算的，由此可知缀术和指差術存矣。）他的數学成就传授给了他的兒子祖暅，他发明了求球体積的方法。

祖冲之求出圓周率的精密数值，并不是偶然的事，根据现在所掌握的资料，知道祖冲之的研究工作是这样的：

（一）佔有全部材料——不論是古代的记録或自己的实测，都加以研究分析；从他的一篇《大明历議》来看可知他的学问很渊博。

（二）实事求是——他自己所谓"形觚分寸"和"荐察毫微"，就说明了他对待问题的嚴謹認真的态度。

（三）大胆批判——他批判了在他以前的数学家和天文学家的错误，使自己的研究成果得以巩固。

从以上这种嚴肅的治学精神和巨大的成就来看，祖冲之不愧为我国古代伟大的数学家。

祖暅之的求球体積法当时叫作"开立圓術"。他求得球積为 $V=\frac{1}{6}\pi D^3$（D为球的直径），是用下列两定理完成的。

（一）体積可由無穷小量求和方法而得；

（二）介於两平行平面之间的两个立体，如

被任一平行面所截，而两立体的截面都相等时，则两立体的体积也必相等。

第二定理即门古伦针卡瓦列利公理，比较祖晅已迟一千年。

● Cavalieri 1598—1647 意大利数学家

429年祖冲之生于范阳（河北省北部）500卒世。历南北朝的宋、齐两朝。他不但一位大数学家，并且在天文学和机械制造上都有贡献。在宋曾在南徐州任小官吏，在那时他就对当时的历法计算提出过意见，他也写了一部《大明历》，要求改对修改历法，但被保守派压下去了。祖冲之为此展开了一场辩论（历议），驳斥了历法上的那些错误的思想和陈旧的观点。在他的历议中，谈到学算的经过。不惜为历法上的一个问题"考影弥年""测景历纪"。他"深惜毫厘，以全求妙之准；不辞积累，以成永定之制"。在科学研究上只有这样不辞艰苦地顽强学习，才有可能有所成就，我们应该学习祖冲之这种精神。祖冲之的贡献，在数学上是圆周来计算，在机械制造上是造千里船和指南車。他所著的数学书"缀術"曾作为唐朝的数学课本，规定要学习四年，不幸后世失传了。

过去外国传教士，在我国公开散布中国古代无数学的谰言，这是一种意在打击中国人民民族自尊心的恶毒的诬蔑；而受了帝国主义奴化教育影响的一些中国资产阶级知识分子，也盲从他对祖国古代的学術成就采取轻视的态度，这是一种荒谬到令人不能容忍的风气。现在，我们中国人民已经在中国共产党和毛主席的领导下站起来了，人民掌握了政权，作为上层建筑的一切事物都在繁荣滋长。今天，我们必须摆脱一切不正确思想的影响，使我们能够在一一飞跃前进。应该对祖国文化传统和光辉的学术成就有充分的认识，发展和珍视祖先留给我们的宝贵遗产，从而……

十干即甲、乙、丙、丁……，十二支即子、丑、寅、……根据陈遵妫考证，十干是中国古代的十个序数，用以表示一旬中的十日，起源很早；后来由于这十个简单的序数循环使用容易混淆，就和十二支相配，成为三旬或六旬的纪日法，于是干支就配合在一起，成为时历上专用的文字。十二支的起源，据郭沫若考证，主要可能是巴比伦十二辰（黄道上十二恒星）的名称。至于干支的名称，始自东汉，由于当时阴阳之说的存在，日辰与五行相配被人们视为母子的关系，由母子转为幹枝，简化幹枝两字的写法，就成为干支了。

苏联学者把数学发展的历史分为三个阶段：（见《苏联大百科全书》第26卷第464页。）第一阶段从自然数和简单几何图形的形成和研究开始，直到发展成初等数学范围内的算术、代数学、几何学和三角学，这个阶段自远古一直到十七世纪为止，经过了很长的一段时间。第二阶段进一步研究了数量和几何图形的变化，从第一阶段所研究的静止的数量和几何图形，推广到运动的数量和几何图形，这就是从十七世纪开始出现的微积分和解析几何。第三阶段更进一步研究了最一般的空间形式和数量关系（前两阶段所研究的只是"最一般的"空间形式和数量关系中的特殊情形），这一阶段的研究工作从十九世纪开始，直到现在还在继续进行中。

我国数学的发展情况，基本上也和上面所说的发展规律相合。十七世纪末叶我国数学研究已经开始分科，十八世纪中叶以后，割圆连比例的研究已经进入了数学分析的范围；从这些事实来看，当时我国数学研究是大可以向前发展的。但是愈来愈腐朽的封建统治使整个社会陷於停滞状态，趁火打劫的帝国主义更不容许我们有任何的进步，特别是在鸦片战争以后，一切学术研究的出路都被堵塞了，数学也同样不能再继续发展。虽然有少数人在困难情况下坚持研究，可是他们的工作得不到任何支持方便，很难取得较大的成就。在这种情况下，不仅新的研究不能展开，甚至连我国古代数学家的丰功伟绩都几乎被人忘怀了。

中国通史简编 第一编 范文澜

《周易》 周易是许多占卜书中的一种。有六十四卦。每卦有六爻，上三爻叫做上卦，下三爻叫做下卦，合成一卦。爻分阳爻一 阴爻--，阳爻在单位（一、三、五）阴爻在耦位（二、四、六，阴阳爻都自下向上数，）叫做当位，反之叫做不当位。如既济卦䷾，阳爻阴爻都当位，未济卦䷿都不当位。按照爻的当位不当位等複杂关係，看出輕重不等的吉凶。每一卦有卦辞，说明本卦的性质，每一爻有爻辞，说明这一爻在本卦中的性质。卦辞爻辞文字极简单而又隐晦难懂，卜人筮人可作多样解释来定告吉凶。孔子曾用大功夫鑽研卦辞爻辞，作为儒家的哲学思想传授给弟子。孔子讲说的记录及后来儒者大师的補充，總称为易传或称十翼。易传有彖辞，用简要语句断定一卦的大意。有象辞，其中依据一卦大意指出人应如何行动的简明语句，称为大象，解释爻辞的语句称为象辞。有繫辞，泛论全部易理，叙述孔子哲学的基本观点。有文言，专论乾坤两卦。其餘有说卦、序卦、杂卦三篇，不含什么重要意义。

繫辞主要说明"变化之道"。观察天地、日

月、日时、昼夜、寒暑、男女等自然界现象，知道一切都在变化，变化的发生是在於阳、刚、动与阴、柔、静两种相反的性质在相摩相推，主动的力量是阳、刚、动。这一看法应用到人事上是"通其变，使民不倦，神而化之（创造新器物），使民宜之。易穷则变，变则通，通则久。"变动的目的在得利，得利是吉，失利是凶。"变动以利言，吉凶以情（合理、不合理）迁"，就是说，吉凶并非固定不变。"安而不忘危，存而不忘亡，治而不忘乱"，才能身安而国家可保，如果忘了危、亡、乱，安、存、治就会变成危、亡、乱。情在於人为，因之吉凶在人不在鬼神，"善不积不足以成名，恶不积不足以灭身。小人以小善为无益而弗为也，以小恶为无伤而弗去也，故恶积而不可掩，罪大而不可解"。卜筮的唯一作用是向鬼神问吉凶，吉凶既在人为，鬼神的权力便大大缩小，也就大大减轻了占筮的神秘性。孔子把主要与鬼谋（向鬼神问吉凶）的易改变为主要与人谋（人能造吉凶）的易，是思想上的一个进步。

繫辞形容易卦的变化说"变动不居，周流六虚（一卦六位），上下无常，刚（阳爻）柔（阴爻）

相当，不易的典要（定準），"惟变所适（适合时宜）"。六十四卦代表天地间万事万物，每一卦都在变化，也就是万事万物都在变化。这种看法自然是有理由的。不过变化以外，它还设立一个不可变的大范围，一切变化都不能越出这个大范围。繫辞首先规定"天尊地卑，乾坤定矣。卑高以（既）陳，贵贱位矣。"尊者一定在上，卑者一定在下，士可以做大夫，大夫可以做国君，亡国之家的国君大夫可以做庶人，但贵和贱的名分绝对不可变。儒家讲礼，凡制度、文物、器械、正朔等等都可以变，但親親、尊尊、長長、男女有别的封建等级制度决不可变，这和繫辞思想完全一致。

繫辞说变化的发生不是由于陽与陰的斗争，而是由于陽与陰的和谐，不是向前发展，而是终而复始的循環、反復。天与地相对着，男与女相交媾，化生出万物来。日与月相互来去成晝夜，寒与暑相互交替成年歲。去的是暫屈，来的是暫伸，一屈一伸相互感动生出利益来。儒家学说代表士阶層的思想，士的利益在於向貴族求禄，在於教庶民出力服事長上，反对斗争是很自然的，这和中庸思想完全一致。

因为，特别是繫辞，包含着自發的樸

素的辩证法思想，是装在形而上学的框子里的辩证法。这是孔子哲学的根本所在，後来儒家学派的思想家如董仲舒、王充，都不曾超越过这个思想界限。（212）

第二编

观象授时向来是最重要的国政。孔子述尧舜禹禅位时的话语："天之历数在尔躬"，意思是说在让你掌管历法了。…历法在农业上也就是在国政上的重大意义，上古人就实非常重视。天文学历数学因农业生产上的急需，不断在进步。掌管这一专门学问的官是太史，所以太史也称为天官。据说，太史的官位等於卿。

生产上的成就比其他国家高，就成为大国，夏、商、西周正是这样的大国。它们都在历法上有新发现，後一个比前一个进步，因此後一个战胜前一个。春秋时期，建子的周历最通行，但宋国仍用殷历，晋国行用夏历。宋用殷历，由於保守，晋用夏历，是尊重民间习惯，並利用它的长处。周历称仲冬月（子月）为春正月，四时很不正常。孔子主张"行夏之时"，就是说周历推岁首（冬至点）在子月是对的，但孟春应在寅月。战国时期，天文历数学比春秋时期更进步。专家多是民间学者，不限於少数史官。世界最古的恒星表甘石星经，就是这个时期民间天文学家的贡献。六历都是历家假托也是这个时期民间历数学家的成就。

太陽历（岁）可以定四时、节、氣；太陰历（月）可以定晦、朔、弦、望。自历法萌芽时起，历家即兰用陰陽两历，並探求两历配合的法则。春秋时历家已应用十九年插入七个闰月法。最迟在战国时历家已定一岁的日数为365.24，定一月的日数为29又九百四十分之四百九十九日（29.53085日）。这两个数字比一岁实数365.2422日，一月实数29.530588日都多了一些，因此月朔经三百年要差一天，季节经四百年要差三天。由於仪器和算術並不精确，实際上一种历法行用一百多年後朔日或晦日見月出，必须重新测算使再合天象。秦始皇採用颛顼历，以十月为岁首，闰月放在九月後，称为後九月。在六历中颛顼历是比較合天象的一种历法，但到汉武帝时已经不能再用。

前一〇五年（元封六年），司馬迁等建议造汉历。汉武帝選司馬迁、星官射姓、历官邓平等及民间專家共二十餘人造历，其中大天文学家唐都，大历数学家落下闳是主要的造历者。前104

年，新历造成，汉武帝废秦历，採用新历，改元封七年为太初元年，以正月（寅月）为岁首。这個新历法就是历学史上著名的太初历，又称邓平历、三统历。

太初历一岁日数是365.2502，一月日数是29.53086，比四分历又多了一些。所以行用189年後不能再用。但在当时太初历还是最进步的历法，因为它根据天象实测与多少年来史官的忠实记録（春秋）得出一百三十五个月的日食周期（称为朔望之会，约十一年中有二十三次日食）。自从有了这个周期，历家不但校正朔望，日食现象也不再是什么可怕的天变而是可以预计的科学知识了。（128）

尚书考灵曜"地有四游，冬至地上北而西三万里，夏至地下南而东復三万里，地恒动不止而人不知，譬如人在大舟中闭牖而坐，舟行而人不觉也。"春秋感精符"日光沉淹，皆月所掩。"（論衡说日篇引儒者说，日食是月掩日。）周髀算经说天体有四游（二分二至是天体运动的四个极点）又说"日兆月"（月光生於日之所照）考灵曜创地游说，说明地却在上下游动，从而推动出日在上，月在下，月掩日光成日蚀的说法，比地转说，日月自换说都前进了一步。汉安帝时，张衡做太史令，职掌天文。张衡用精细制造浑天仪，用铜漏水转动浑天仪，是前出恒星天象密合。东汉末年，刘洪造乾象历，有推日食月食的算法。这些天文学上的每个进步，都起着衡击迷信的作用，也就是对所谓"自然主宰"说的驳破。(234)

第二编第二册　科学　439

東晋南朝在科学研究上，也有傑出的人物，其中祖冲之的成就尤为巨大。

虞喜——古来谈天体的学说有浑天、盖天、宣夜三家。浑天家以为天裹地似卵含黄，天地俱圆。盖天家以为天似盖笠，地似覆盘，天圆地方。(周髀算经)天文学家多持浑天说。宣夜家以为天並無形质，日月众星自然運行在虚空之中，这些独到的見解，因不被重視而失师傳。東晋虞喜依宣夜論作安天論。(天不动)反对浑天说，尤反对天圆地方说，以为"方则俱方，圆则俱圆，無方圆不同之義。"他的最大成就就是首先發現歲差現象。虞喜以前的历数家，天周(恒星年)与歲周(回归年)不分，以为太陽自今年冬至点環行天空一周到明年冬至点是永远相吻合的。虞喜开始测出太陽从今年冬至点到明年冬至点，並不是在原点上，而是不及一些，这个不及处称为歲差，又称为恒星東行或節氣西退。虞喜测定每年五十冬至点西退一度，雖然很不精密，但歲差的发現，是曆数学的一个大進步。

何承天——宋何承天據承母舅徐廣四十餘年观测天象的记錄，他又观测四十年，創製新曆法。宋文帝採用他的新曆法，稱为元嘉曆。元嘉曆創定朔法，使日月食必在朔望。又創调日法，为唐宋曆数家所沿用。

祖冲之——齐祖冲之是古代著名的大科学家。他的祖父祖昌，宋时作大匠卿。大匠是朝廷管理營造的最高官，想見祖昌是个建築师。祖冲之早年就以博学著称，得到宋孝武帝的重視。他擅長数学，最特出的贡献是求得圓周率。周髀算經定圓周率为三，即圓周的长度为直徑的三倍。經数学家相继探求，圓周率的推算逐漸進步，西漢刘歆求得三、一五四七，東漢張衡求得三、一六，晋魏刘徽求得三、一四，宋何承天求得三·一四二八，到祖冲之才计算出圆周率在三·一四一五九二六与三·一四一五九二七之间。祖冲之注九章算经，又撰缀術。唐朝国子祖教数学，就用缀術作课本，学习期限定为四年，这部书的艰奥也可以想见。

何承天的元嘉麻比古麻十一家都精密，祖冲之认为还嫌粗疏，创製称为大明麻的新麻法。大明麻测定一回归年（太陽自今年冬至点到明年冬至点）的日数为365.2428148日，与近代科学所得日数相差只有50秒。又测定月亮環行一周的日数为29.21222日，与近代科学所得日数相差不到一秒。古人称木星为歲星，春秋时期用歲（歲星）在某次（天分十二次）来纪年，因为当时认为歲星恰恰十二年行一周天。刘歆三统历知道古法有误，创歲星一百四十四年超一次的超辰法。祖冲之改正刘歆的粗疏，定"歲星行天七匝（84年），輒超一次"（三统历是歲星行天十二匝，超一次）。木星公轉一次是11.86年，七次是83.02年，和祖冲之所测定的84年，相差颇近。大明历开始应用虞喜的歲差法，此後历数家無不研究歲差数，逐漸趋向精密。大明曆多有创见。宋孝武帝令朝臣会商，有人以"违天背经"为理由，反对採用大明历。直到梁武帝时，才用大明曆代替元嘉历。

祖冲之又能製造机械。他曾为齐高帝造指南車，車内设铜机，車子任意圆转，不失方向。又造千里船，一天能行百馀里。南史还说，祖冲之本诸葛亮木牛流马遗意，造一种陆上運輸工具，不借风力水力，机械自身能運动，不劳人力。這可能是不很费人力的機車，也可能是史家的虚構，因为唐宋還有類似千里船的人力輪船，机車却从不见於後世的记载。

祖冲之的儿子祖暅之，幼年就传习家学，当他深思入神的时候，霹靂声也不会听到。有一次在路上行走，頭觸大官徐勉，徐勉叫他，才驚觉。他用立体几何中的一种方法求得圆球的体积，又造铜日圭（测日影用）漏壶（滴水计时器），都极精密。他的儿子祖皓，也传家学，擅长曆算。侯景作乱，祖皓被殺。自祖冲之以来父子相传的科学世家，被侯景覆滅了，是多么大的损失！

第三編第二册　科学 741

渾天儀是我国古代研究天文的一种仪器。自汉以后，天文学家都以製造渾天儀为其首要任务，技术不断地进步。唐贞观七年，李淳风用铜造渾天儀，"表裏三層：最外層是六合儀，中间是三辰儀，最内層是四游儀。"下据準基，状如十字。末樹鼇足，以張四表。"在此以前，渾天儀只含有相当於四游儀和六合儀的部分，没有三辰儀的部分。渾天儀用三層，是從李淳风開始的。於是黄道經纬、赤道經纬、地平經纬都能测定，时称其妙。

開元十一年，釋一行和梁令瓚共同造黄道游儀（先以木試製，後改鑄以铜鐵），用以观测日、月運動，并测量星宿的經緯度。從漢以来，人们一直错误地認为，太陽在黄道上的運动速度，均匀不变。一行經過觀察，发现太陽在冬至时速度最快，以後漸慢，到春分速度平，夏至最慢，夏至後則相反。這是比較接近天文實際的。

一行又發现當时的星宿位置，与古代不同。不僅是赤道上的位置和距極度數，因歲差关系而有差異，即黄道上的位置，也是不同的。清齐召南说："自古皆谓恒星随天不移，西法始谓恒星亦自移动，其说甚確，一行以銅儀測驗，即知古今不符，已開西法之先。"

在製造黄道游儀的同时，一行又造覆矩图，发起实测九州晷影和北極高度，以定各地食分的多寡和南北晝夜的長短。南宫说测量得出：地差三五一里八○步（唐代長度），北極高度相差一度。這个数字雖不够精確，卻是世界上第一次测量子午線的長度。

曆法

唐朝二百八十九年中，曆法变更了十次。旧唐书历志"但取戊寅、麟德、大衍三曆法"，這確是三部有价值的历法。

戊寅曆——道士傅仁均所造，於武德二年頒行。我国古代历家推步合朔有二法：一、平朔，自前朔至後朔，中積二十九日五十三刻有奇。二、定朔，用日、月的实际运行，来定合朔的日期。如日行盈，月行遲，則日月相合必在平朔之後；日行縮，月行疾，則日月相合必在平朔之前。求得平朔，用盈、縮、遲、疾之差数来加減。定朔比平朔精密。唐朝以前的曆法，均用平朔，大抵一大月一小月相间。戊寅麻废平朔，用定朔，是我国曆法史上的重大改革。

麟德曆——貞观十九年九月以後，連續四个大月，反对用定朔的曆家，認為這不是平常应有的现象，又改用平朔。高宗时，李淳風造新曆，於麟德二年頒行，名麟德历。麟德历再用定朔，但立進朔遷就之法，即改变当时小数点進位的方法，以避免連續四个大月的現象。反对用定朔的历家，從此失去了藉口。

麟德曆還有一項改進。它廢去章（以十九年七闰月為一章）蔀（四章為一蔀）紀（二十蔀為一紀）元（三紀為一元）的方法，立總法以為推算的基礎。運算省约，勝於古人。曆家遵用，沿及宋元。

大衍曆——開元九年，因麟德曆所推算的日食不效，玄宗命釋一行重造新曆。一行全面研究過我国麻法的结構，並且參考過天竺的麻法，吸收其中某些精華，是唐朝最傑出的曆家。開元十五年大衍曆草成而一行卒。

大衍曆共分七篇：一，步中朔（计算平朔望、平氣）；二，步發斂術（计算七十二候）；三，步日躔術（计算每天太陽的位置和運動)。在一行以前,曆家編寫曆法,格式不一。自有大衍曆以後,曆家均遵循其格式,直至明末採用西洋法編曆時,始有所改變。大衍曆在我國曆法史上的重要地位,於此可見。

一行迷信漢代的易經象數說及陰陽五行說。大衍曆依靠"易蓍"之數,作爲立法的根据,又牽合"爻象",以顯示立數的有據。封建時代保守勢力占優勢,一行曆法雖有許多創見,如果不依據儒經,必遭強大的攻擊。

不要总是以为自己对，好像真理都在他手里。

不要总是认为只有自己才行，别人什么都不行，好象世界上没有自己，地球就不转了。

《试管里的胎儿》

楊永　根据苏联《自然》及《科学与生活》

科学画报 1961 9　编译

人是哺乳动物……卵子必须在母体内受精，生命由此开始，……九个多月才呱呱落地。

今年意大利学者佩特鲁奇等三人，发表了在培养管里进行人卵体外受精的实验结果，胚胎培育了数十天之久。

卵子的分裂是实验成功的一个标志。在精虫钻进卵子后，精虫的核就同卵细胞的核结合；之后，卵细胞核立刻开始分裂并扩大体积，变成两部分。这种分裂在形成象黑莓那样的桑椹胚之前，是按等比级数 2→4→8……进行的。

但是，在29天上，佩特鲁奇不得不停止了实验。由于培养基缺少红血球以及其他一些因素，胚胎的发育畸形了。

在人体内29天的正常胚胎（注1）长约6.5～7毫米，有脑、肢芽、原始的眼、体节，已建立循环系统，并有心跳。……

……引起举世学术界的注意与共鸣，绝对不是偶然的。

西方的世界舆论把伽利略的实验跟16世纪哥白尼的太阳中心说相提并论，科学威力再一次给宗教偏见一致命的一击。……这个问题，已经闯进了直接触及宗教信条基础的领域。难怪意大利天主教会惊恐之后慌做一团，龇牙咧嘴地露出一付狰狞相了。

教会方面冠冕堂皇地说什么"人的生命是上帝的恩赐，我们应当用神圣的虔敬来对待它"，因而认为～的实验是违背上帝的，声势汹汹地说要开除他的教籍。

恩格斯早就曾指出过，一个学者可能在那门科学方面是个先进人物，而在哲学方面却落后了一大步。作为一个虔诚的天主教徒，～毫不怠慢地到宗教那里去辩解。……声称："如果教会反对我们的实验，我们是要服从的，免得扰乱许多信徒的心灵与信仰"。就是这样，这位现代的生物学家变成了放弃自己信仰的伽利略。

可是历史告诉我们，伽利略在放弃自己的信条之后，终究还有足够的勇气，而喊出了他那句名言："地球毕竟还是在旋转着！"最近的报导也说：～并没有忠于他对教会所作的诺言。这位学者的自发的唯物主义又一次战胜了他的唯心主义世界观。罗马教皇上了一个当：～秘密地继续了他那"旁门左道"的实验。在最后一次实验中，人的胚胎在培育器里已经发育了将近两个月。

……如果能把体外培养的时间从两个月延长到六个月以上，那时胎儿就可以脱离液体环境而转入空气中喂养了。

……不断地揭示卵子和精子的活动……探索、受精以及受精卵的发育情况，有助于研究男女性细胞在自然条件下的相互关系，则完成女性别等重要问题。

……将能看到人类各种组织和各种器官的形成过程。……用改换培养基的方法，把发育过程中的遗传因素同外界影响分离开来，从而确定哪一类因素在多大程度上影响着胚胎。

注1　在正常情况下，人胚胎在母体内发育到四个星期的时候，有6.5～7毫米长，而且有尾巴。这个"纪念物"表示人类是从有尾巴的动物进化而来，决不是什么神造的。胚胎长大时，腹面生长较慢，背面生长较快，所以身体是弯形的。到了第八周末尾，也就是两个月上，尾巴已经退化消失，脸上五官齐备，胚胎初步象个人了。这时大约有22～25毫米长。

中国数学史　钱宝琮主编　科学出版社
1964

本书系统地叙述了自上古时起到二十世纪初叶止的中国数学发生发展的历史。

全书共分四编。以时间先后为序共包括(一)上古至秦汉—；(二)秦汉—至唐中叶；(三)唐中叶至明中叶；(四)明中叶到1911年等四个时期。在每编开首处，对该阶段内的时代背景进行了总的阐述。本书包括了中国数学史研究领域内的一些新的成果。

本书可供数学史工作者以及高等学校、中等学校教学参考之用。

時间和曆法　胡迷勤编著　商務印书館
1959年 北京

本书共分二十节，首先简要地阐明了各种时间量度的概念和原理，然后系统地叙述了古今中外测时和曆法的发展，特别是我国实用天文学的光辉的发展过程，对于我国独有的"节气""置闰""纪年""纪月""纪日""纪时"作了细致的分析，对于我国曆史上有名的治曆家也作了扼要的介绍，并且指出了目前曆法的改革方向和途径。书末亦附有我国民用曆书中有关节令和名词的解释，以及公元1862—2000年的阴阳曆对照表。

本书可供大学地理系、天文学系学生，中小学史地教师，科学技术普及工作者，以及一般爱读者阅读。

主要参考文献
陈遵妫　中国古代天文学简史　1955
陈遵妫　中国古代天文学的成就　1955
山本清原著，陈遵妫译"宇宙壮观"
朱文鑫　"曆法通志"
薛仲三、欧阳颐编"两千年中西曆对照表"

刘坦"论星岁纪年"1955
阮元"畴人传"
清康熙"历象考成"
斯克伏尔佐夫"天文学"
董作宾、刘敦桢、高平子"周公测景台调查报告"
新城新藏"东洋天文学史研究"
梅文鼎"历学疑问补"
沈括"梦溪笔谈"
赵却民"为人类服务的天文学"
E.C.库兹明"天文量时法基础"(科学出版社)
北京天文馆编"苏联天文学的光辉成就"1957

章鸿钊著　中国古曆析疑　科学出版社

《周髀》卷上云："冬至日在牽牛，極外衡也，衡復更，終冬至。"依歲差率，冬至日在牽牛初，應在春秋之世；唐书曆志日度議云："康王十一年甲申歲，冬至應在牽牛六度。"依《大衍曆》推周康王十一年甲申当公元前1057年；按歲差率每百年日後退一度半计之，则冬至日在牽牛初，约当公元前七世纪之中，至迟亦当在六世纪上下，合此例即冬至日不在牽牛矣。

书中有言"北極璿璣"者，昔亦名北極星。……最近高均氏撰《周髀北極璿璣考》（中国天文学会会报第四期）谓此指当时观察之北極星而周游於北極枢者。先假定以帝星（β）为周初（即公元前1100年）之北極璿璣，用现代天文学之公式以求古代此星之赤經与赤緯，赤經略合，而赤緯之差为太大，認为非是；乃更以次於帝星之庶子星（κ）代之，如观测者移後四百年（即公元前700年），则庶子之赤經緯可与周髀全合。故为之结論曰："观测極星四游以定正北天之中，當確係周初成法，惟粹理中述其法者當為周代中葉時人云。」高氏謂亦言此辭無僞義，而其粹法則甚密。

春秋命曆序曰：「孔子治春秋，退修殷之故曆，使其曆數可傳於後，春秋宜一殷曆正之。」殷曆固為四分法也。新城新藏氏撰春秋長曆，謂文宣以後殆全用冬至正月，即置閏法與連大月配置法亦具有四分曆之規則（東洋天文學史研究二一、三二七），而本書卷上亦云：「一歲三百六十五日四分日之一，一歲一內極〔外極〕，明陳子亦主四分曆者。四分曆殆得上溯至春秋，而其後經漢更而成六曆，即黃帝曆、顓頊曆、夏曆、殷曆、周曆與魯曆是也。六曆皆為四分法，惟曆元為不同。六曆皆為四分法，惟曆元為不同。漢書律曆志曰：「三代既沒，五伯之末，史官喪紀，疇人子弟分散，或在夷狄，故其所記有黃帝顓頊夏殷周及魯曆，戰國擾攘，秦兼天下，未遑暇也。」據此，六曆皆在五伯後，而獨在秦一焉。乃唐書日度議曰：

"推古曆之術，皆在漢初"，古曆即六曆，則又以為漢初作矣。……考論殷曆者，尤以兩漢為盛，……如元鳳三年張壽王挾殷曆以非太初曆（漢書律曆志），後漢熹平四年馮光陳晃，延光二年亶誦，俱挾甲寅元之殷曆以非庚申元之後漢四分曆（後漢書律曆志），皆其證。

《周髀》又曰："日主晝，月主夜，晝夜為一日，日月俱起建星。"又曰："日行天七十六周，月行天千一十六周，及合於建星。"趙注云："日月俱起建星，謂十一月朔旦冬至日也。"按卷上已明言"冬至日在牽牛"，而此云"日月俱起建星"，建星在牛斗間，依歲差率，明在冬至起牽牛之後，則前後非陳子一人之言甚顯。趙注時代歲差尚未發明，知無以解，乃強為之說曰："為曆術者度起牽牛前五度，則建星其近也。"此顯失之。然則日月俱起建星，果當於何時乎？漢書律曆志："至於元封七年（即太初元年）中冬十一月甲子朔旦冬至，日月在建星"，乃知此正太初元年之天象也，則出此言者亦不得不在太初之後矣。

夏以斗柄定月法

《夏小正》曰："正月初昏，斗柄縣在下；六月初昏，斗柄正在上；七月斗柄縣在下，则旦。"……不言所指……不及左右四隅，……月建法猶未全立也。……初昏斗柄縣在下……夏时此天象距三春節不遠，夏人必再參诸其他天象与月之盈虧，而以此月為正月者也。……

據新城新藏氏之春秋长曆，知魯自文宣以前，大体以冬至後一月為正月，……此正為當时之"夏正"，實近於後世之所謂"殷正"也。

歲字之見於殷契及彝銘者，雖多異体，但皆从戉而不从戌。且當以从步戉之歲字為其初字。

淮南子天文訓云："斗指子則冬至"，又曰："十一月始建於子"，即知十一月建子之法，必与周之土圭求日至法同时相因而起。蓋周既以十一月為春之始者，亦正因十一月斗指子而然，春為四时之首，子為十二辰之首，二首合而後在符乎春来之氣矣。

《史记·天官书》云："攝提者，……節。"《漢书·律曆志》云："衡，平也，其在天也佐助旋機，斟酌建子，以齐七政，故曰玉衡。"今按攝提在大角两旁，斗柄摇光直下为右攝提，旋機即璇璣，当如大傳谓即北極。招摇星在摇光前端偏左，直下即大角。管子势篇：求而不得，求之招摇之下。注：谓招摇之星随斗柄順时而建者也。

试依旧解而详其法：当从北斗第七星摇光或其前端之招摇星，連接北極，直指攝提为一大圈，而此大圈与赤道圈之交点適於初昏时落在北極直下子午綫上，即大圈与子午綫相合之时，正值子时则训所谓"招摇指子"，其时为仲冬之月，故曰：十一月始建於子也。其後……此大圈与赤道圈之交点決定之。

夏时第一初昏斗柄正在下为正月，……为斗为指，则建子的早两月，此即周人以十一月为建子之所本。十一月建子，则十二月建丑，而孟春之月不得不为建寅矣。此又後世夏曆以正月为建寅之所本，非十二辰本始於寅也。

殷墟卜辞言至者不一而足。至即日至也。详董作宾殷历谱下编卷四其著者有"五百四旬七日至丁亥，从在六月"一辞。即从前一年冬至至翌年夏至之日数也。此即殷人已知求日至之确证。抵之尧典有"朞三百又六旬有六日"之文，……数与上述卜辞极相似，或非出后世也。

周礼大司徒："以土圭之法正日景，日至之景尺有五寸，谓之地中。"此殆为周召营洛邑时之遗法，故召诰亦以洛邑为土中。……自是日至之日益以正确。同时，周又改正月建法，则得仲冬之月斗正指子，始以十一月为建子，……斗柄始于是月从极北而向东左旋，太阳又于是月从极南而向东右行，同时又向北升上，昼日以长，夜日以短，天上之春方至，故周人亦即以十一月为春之始矣。

日月会合之日谓之朔，月初出之日谓之朏。

漢書律曆志世經引古文月采篇曰：三日曰朏，言三日月初出也。但朏因易見，朔實難知，故古人最初定一月之法，必以新月再見為準。即从朏至朏為一月，帶此日數謂之一月者，义亦来此。如古时巴比倫希臘猶太諸國，皆以朏為一月之始日，中國古初當亦不能外是。

西周金文裏尚不見有朔字，則朔之所自始誠難言矣。

《詩小雅》：十月之交，朔日辛卯，日有食之。……是幽王時固明称朔日矣。古文月采篇言：三日為朏，即朔後三日也。月采篇不詳何時所作，既為古文，亦当在宣王以前，即不得謂宣王以前不知有朔矣。漢書律曆志曰：周道既衰，幽王既喪，天子不能頒朔，魯曆不正。則幽王以前早有頒朔之制。蓋朔為天子之事，諸侯受之，每月奉月朔甲子以告於廟，所謂稟正朔也。禮記玉藻："諸侯……皮弁，聽朔於太廟"，古之告朔乃如此。論語子貢……禮。則孔子時不行此禮已久矣。……乃西周金文尚不見有朔字，周書如召誥篇，畢命篇但言朏，康誥及顧命篇又但言哉生霸，而不言朔，何也？蓋朔為曆法上之名詞，天子所頒者祇及於諸侯，諸侯所受者藏於宗廟，其意在垂一統正朔，故未以此編諭之於臣庶也。然則其時臣庶之所周知而又便於俗者，當仍不外每月以朏計日，即文告記録亦罕有言及朔者，正以合朔之意固在彼不在此也。……

司曆者雖早推得朔日之所在，究不如朏之盡人得見，而又去朔甚近，故除國家大事及紀天象外，仍當以朏計日，西周猶如此，其由來遠矣。

殷人紀歲星考

太陰元始建于甲寅解

顓頊曆之甲寅元與殷曆之甲寅元

歲名焉逢攝提格月名畢聚解

論太初曆與三統曆之異同及其曆元之歲名

武王克殷年考

《繫辞》

寒往則暑來，暑往則寒來。寒暑相推，而歲成焉。

《洪範》

曰燠曰寒。

陳大猷曰：陰退陽進則成燠，陽退陰進而成寒。燠寒則一氣之循環，往來者為之。

《隋书·天文志》

日去赤道表裏二十四度，遠寒近暑，而中和二分之日，去天頂三十六度，日去地中，四時同度，而有寒暑者，地氣上騰，天氣下降，故遠日下而寒，近日下而暑。大寒在冬至後，二氣者寒積而未消也。大暑在夏至後，二氣者暑積而未歇也。寒暑均和，乃在春秋分後，二氣者寒暑積而未平也。

《繫辞》

日月運行，一寒一暑。

《易稽览图》

夏至之後，三十日极热；冬至之後三十日极寒。

在社会实践中，人们的认识是怎样发生和发展的呢？

从生动的直观到抽象的思维，并从抽象的思维到实践，这就是认识真理、认识客观实在的辩证的途径。

列宁《黑格尔"逻辑学"一书摘要》

"认识开始于经验——这就是认识论的唯物论。""认识有待于深化，认识的感性阶段有待于发展到理性阶段——这就是认识论的辩证法。"

发展）列宁关于认识的辩证

运动的伟大思想

敦煌古籍敘錄

王重民著　商务　58年初版

敦煌石室遗书　鸣沙石室佚书　鸣沙石室古籍叢残
巴黎敦煌残卷叙錄第一二辑

大唐同光四年具注曆
羅振玉藏　敦煌石室碎金排印本　貞松堂藏西陲秘籍叢残影印本（第二册）

殘曆一卷，自正月至六月全佚，七八月則二十三日以前亦佚，九十月以下尚存。末署“丙戌年姑洗之月十四日巳時題畢”。今以汪謝城先生（日楨）長術輯要考之，知此曆當後唐明宗天成元年。謝城先生推是年七月為乙卯朔，八月乙酉朔，九月乙卯朔，十月甲申朔，十一月甲寅朔，十二月甲申朔；此卷則七月為甲寅朔，八月甲午朔，九月癸丑朔，十月癸未朔，十一月癸丑朔，十二月壬午朔，或差一日，或差二日。蓋當日西陲行用之曆，非頒自中土，边人疏于学術，故推衍多误。法國巴黎图书館藏同光四年具注曆一卷，後署隨軍參謀翟奉進撰，又顯德六年曆，翟奉達撰，雍熙三年曆安彥成撰。英倫博物館藏顯德三年曆亦翟奉達撰，又有太平興國七年曆，署押衙知節度參謀銀青光祿大夫檢校國子祭酒翟文進撰。此卷雖無撰人名，而天成元年即同光四年，殆亦出奉進之手，但不知與巴黎所藏異同何如，安得據彼卷以補是卷之佚文耶？謝城先生考是年冬至在十一月癸亥，通鑑目錄誤作十一月一日，宋本則作十日冬至不誤。今此卷乃十一月十一日癸亥冬至，是月為甲寅朔，故十日得癸亥，此卷作癸丑朔，差一日，故十一日乃得癸亥。雖差一日，而癸亥冬至，則與宋本通鑑目錄合，足正今本十日誤作一日之失，至可喜也。此書每七日輒朱書一"蜜"字，乃記日曜日，巴黎所藏同光四年曆與此正同。巴黎又藏七曜律，其七曜之名，曰蜜，曰莫空，曰雲漢，曰嘀日，曰温沒斯，曰那溢，曰雞緩了，殆即番語日、月、火、水、木、金、土，但不知為何國語耳。至每日下所注吉凶宜忌，每節候記月令語，與今曆略同，足徵今日曆本淵源之古。予既於漢人木簡中得見漢人殘曆，今又獲此卷，自慶古福不淺，爰加考定，

坿記卷尾。 一九二二年八月 羅振玉 松翁近稿

十九 — 二十頁

重民按：羅氏題此卷為"後唐天成殘曆"，而疑為翟奉進(達)撰同光四年具注曆是也。余按伯三二四七號大唐同光四年具注曆原題"隨軍參謀翟奉達撰"，存正月一日至八月四日，是年閏正月，凡三百八十四日。卷端記是年每月大小建：七月大建，八月小建，九月十月大建，十一月小建，十二月大建，均与羅卷相合，故可確定為同光四年曆。（按是年四月改天成，故曆本應稱同光。）然羅氏既知"西陲行用之曆，非頒自中土，"而又以汪氏长術輯要為推算依據，其所以偶合者，特卷末題有"丙戌年"故耳。此種攷據方法，極不科学，詳余所撰敦煌本日曆之研究中。（東方雜志第34卷，第9号，1937年。）

天福四年殘曆(?)

羅振玉藏　敦煌石室碎金排印本

貞松堂藏西陲秘籍叢殘影印本(第二册)

右殘曆存三十行，首尾均佚。起正月廿七日，訖二月廿三日，以正月大建，晦日值壬申，二月朔值癸酉考之，殆後晋高祖天福四年曆也。每七日注"密"字，与七曜曆及後唐天成丙戌曆同，而每日下注歲位、歲對、歲前、小歲等，則天成曆所未有也。月下記九宫方位，則与今曆同，亦天成曆之所未有也。九宫方位及每七日注密字皆朱书，丙字皆避唐諱作"景"，五季人紀淪亡，而猶謹於勝朝之諱，此風尚近古。一九二二年九月

又唐天宝十二載及会昌六年亦正月癸卯朔，二月癸酉朔，此姑定為後晋者，以书迹与後唐及宋淳化比例而知之。且歐洲所藏残曆，皆五季北宋物，未見唐代曆也。又記。羅振玉

松翁近稿二十頁

淳化元年殘曆（？）
羅振玉藏　敦煌石室碎金排印本

上殘曆寫于六朝寫經紙背，但有正月至四月，而無五月以後，乃當时繕錄未竟，非残損也。正月小建壬寅，朔日戊寅；二月小建癸卯，朔日丁未；三月大建甲辰，朔日丙子；四月小建乙巳，朔日丙午。考之長術，乃宋淳化元年曆也。書手惡劣，墨蹟晦暗，以一夕之力，始移寫一通。中有譌奪，無從是正。爰付手民，与天成天福二残曆同印行，以存唐宋间日曆之格式。

一九二四年季夏　羅振玉　松翁近稿二十頁

重民按：上天福淳化二殘曆不能正確考定為某年曆，羅氏推算法極不可靠，已詳拙作。姑為檢查方便，仍用羅氏所擬書題作標題。

陰陽書

卷十三　伯二五三四　鳴沙石室佚书影印本（第四册）

陰陽书残卷二百四十行，尚存後題，曰"陰陽书卷第十三"，旁注"葬事"二字。其所存篇目，曰立成法第十二，臧门大禍日立成法第十三；立成法之前，乃記一歲十二月中殯葬吉日，其九月以前已缺，篇題不可見矣。……"葬事"為陰陽书中一部類，而此卷又为葬事篇中之一斑，雖僅二百四十行，而六朝以来葬經之傳世者僅此。……　一九一三年八月晦　羅振玉

雪堂校刊群书叙錄卷下，三九—四〇頁

星占书

伯二五一二　鳴沙石室佚书影印本（第四册）

星占残卷，断缺不見前後題，其所存门目可考見者，曰外官占，曰占五星色变動，曰占列宿变五星逆順，曰五星守二十八宿各以其色定其福殃，曰分野，曰十二次，曰二十八宿位次，曰石氏中官外官，曰甘氏中官外官，曰巫咸中外官，曰玄象诗，末為日月彗孛氣占，疑所存尚不及全书之半也。唐代星

占之书傳世者，有李淳風乙巳占，瞿曇悉達開元占經，今此卷作者姓名不可知，然中有"自天皇已來至武德四年二百七十六萬一千一百八歲"語，是撰此书者為唐初人矣。

今古之言星者，僉祖述甘石巫咸三家，此书備載三家内外官星總二百八十三坐，一千四百六十四星。核以晉书天文志"武帝時太史令陳卓總甘石巫咸三家所著星圖，大凡二百八十三官，一千四百六十四星"之語，正合。若今傳世之甘石星經，前署甘公石申撰，而巫咸内外官諸星，如齊趙鄭越十二星等亦闌入，且計其都數，僅得一百六十餘坐，糅雜奪佚，確出後人掇拾僞託。然宋晁氏讀书志載甘石星經一卷，云"漢甘公石申撰"，其署名與今本正合。陳氏書錄解題載星簿讚曆云"唐志稱石氏星經簿讚，今此书明言依甘石巫咸氏，非專石申书"云云，又頗与今本星經相類，疑宋人所見之甘石星經，殆与今世掇拾之本略同。而此卷列記三家内外官諸星位次、坐數、星數，具存当时旧观，晁陳诸家所不得見者，一旦乃出诸石室，得与乙巳開元兩占书，並傳人间，可不謂快事乎？

又卷中所載玄象詩，託述星躔方位，為五言韻語，以便記誦。唐书艺文志載王希明步天歌一卷，陳氏书録解題亦著之，其书以七言韻語記二十八舍諸星，玄象诗殆在此歌之前。……

一九一三年七月既望　羅振玉雪堂校刊群书叙録卷下　三八—三九頁

七曜星占書

伯三〇八一

此卷首尾殘缺，無書題，存者八十九行。有子目七：曰七曜日忌不堪用等，曰七曜日得病望，曰七曜日失脱逃走禁等事，曰七曜日生福禄刑推，曰七曜日發兵動馬法，曰七曜日占出行及上官，曰七曜占五月五日直。每類依康居语所譯七曜日名，系吉凶休咎於其下，蓋週而復始。持与敦煌所出七曜曆日（伯二六九三）相校，知為同類之著述，而详密則過之。此卷分類編次，每事以七日為週，則檢一事而七日俱備；七曜曆日以日統事，揭一日則吉凶畢見，其書雖異，其事則一也。攷印度七曜之说，輸入我国甚早，而康居曜名，说者谓摩尼教徒实首創譯，但唐律已有：

“诸玄象器物，七曜曆太乙雷公式，私家不得有，違者徒三年”之文（唐律疏議本卷九），則永徽以前，七曜曆流傳已廣，雖曾否採用康居曜名，文獻不足徵矣。常衮禁藏天文圖讖制所舉有七曜曆（全唐文卷四一〇），咸通六年日本僧人宗叡將去书目中，亦有七曜曆日一卷，其书当即唐律所禁者，其内容当同於敦煌本七曜曆日，則不難以直觉逆知也。

此種星占书，無七曜曆日之名，而有七曜曆日之實，意者殆爲七曜曆日之前身？然此七曜日，与曆书之关係極微，特星占之假名耳。唐末五代時，敦煌使用曆日，日曜日均以朱書“蜜”字注之，則爲此種七曜星占书進一步之普遍的使用；亦猶道家人神之說，傳播既廣，始被採用於曆日耳。　一九三七年九月七日

史記集解

伯二六二七　敦煌秘籍留真新編影印本

史记集解殘卷，存世家二，列傳一。燕召公世家始"作甘棠之詩"訖昭公卒年。管蔡世家始"蔡侯怒，嫁其弟"，訖卷終。伯夷列傳始"太史公曰，余登箕山"，訖卷終。原卷首管蔡，次伯夷，次燕召公者，蓋书既殘缺，後人隨意接裱故也。淵字缺筆，虎字民字不避，殆為武德初年寫本。世家每公皆跳行别书，与日本古寫本殷本紀同，形式最為近古。史文与注文足資校證今本者頗多，详別著敦煌群书校記中。一九三五年七月二十七日

殷虚卜辞綜述

陳夢家　科学出版社　56.7、

甲骨論著簡目

年代

雷海宗　殷周年代考　武大文哲季刊　2:1，1931

董作賓　殷商疑年　集刊　7:1　1936

陳夢家　西周年代考　商务　1945，1955 重订本

大國紀年　燕京学报　34、36、37、1948、1949、

1955 学习生活出版社

商殷与夏周的年代问题　歷史研究　2、1955

丁山　周武王克殷日曆　責善半月刊　1:20

文武周公疑年　責善半月刊　2:1

37.38；1947

邶其卣三銘文考釋　上海中央日报文物周刊

唐蘭　中国古代歷史上的年代问题　新建設　3、1955

曆法天象

董作賓　卜辞中所見之殷曆　安陽發掘报告 III、1931

殷曆中幾個重要问题　集刊　4:3；1934

研究殷代年曆的基本问题

北大四十周年纪念論文集上，1940

殷曆谱　史语所專刊，1945

殷曆谱後记　集刊　13、1945

殷代月食考　西周年历谱
吴其昌　丛殷甲骨金文中所涵殷历推证。
集刊 4:3，1934
陈梦家　上古天文材料　学原 1:6，1943
新城新藏　東洋天文学史研究
沈璿譯本，中華学艺社，1933
朱文鑫　天文考古錄　商务，1933
曆法通志　商务，1934
曆代日食考　商务，1934
（略关于气候四篇）
胡厚宣　殷代年岁称谓考　甲骨学商史论丛 I:2，1944
甲骨文四方风名考釋　同上
陈梦家　祀周与农曆　甲骨断代学甲篇
燕京学报 40，1951
卜辞四方风考　稿本，1937
郭沫若　卜辞通纂（天象部分考释）
易日解　古代銘刻彙考第一册，1933
楊樹達　釋星、釋䨻風、甲文中之四方神名与风名　积微居甲文說
于省吾　釋屯、釋虹　釋云　釋大驟风　駢枝工、四
唐兰　関于歲星　读书2、重庆中央日报，1939
胡厚宣　一甲十癸辨　商史论丛 I:2，1944

曆法天象

古人对于天体运行，初只观察昼夜、盈亏和寒暑等现象，形成日、月和年的观念。农业需要及時播种、收获，進而寻求天時周期的規律。16世纪波兰天文学家哥白尼創行星繞日説，於是日、月、年的意义才能清楚说明。一日即地球自转一周，一月即月球繞地球一周，一年即地球繞太阳一周。月球繞地一周為29天半多一些，(朔策)即一朔望月；地繞太陽一周為365天天少一些，(歲实)即一回归年。曆法的演变，即歲实与朔策的逐漸精確化。由整数而至用二位小数，而至用二位以上的更精密的小数。

世界历法。一為太阴历，如回历，一年為12个太阴月，每月29或30天，一年為354—355日。一為太阳历，如埃及历，一年為365—366。三為阴阳历，如犹太历，一年為12个月或13个月。一年之长平年為353—355日，闰年383—385日。古代希腊，大月30日，小月29日，10日為一旬，一月有上中下三旬，和我国月内之分很相似。

夫歷中顓顼历，測定於370 B.C.（历法通志60） 246 B.C.吕不韋推行於秦国。据淮南子天文篇：一年365$\frac{1}{4}$日；19年七闰，19年235月。

一歲＝365.25日

一月＝29$\frac{499}{940}$＝29.53085163日

一紀＝4×19＝76歲＝940月＝27759日

19年7闰＝235月

歲餘＝365$\frac{1}{4}$－12×29$\frac{499}{940}$＝10$\frac{827}{940}$日

19歲歲餘＝19×10$\frac{827}{940}$＝206$\frac{673}{940}$日，约为7闰。

一紀76歲，日月皆成整数。

与今测比較

殷顼历　年＝365.250 000 00日

今　测　年＝365.242 198 79日

月＝29.530 851 日

月＝29.530 588 日

歲实大于今测约$\frac{19}{10000}$，朔策大于今测约$\frac{5}{10000}$

《东洋天文学史研究》认为四分历法中国自創。《东洋天文学史大纲》中说：

(1) 2000 BC.　　纯太阴历时代

(2) 2000→600　　柔辰而观象授时之时代

(3) 600→360　　制定历法前之準备时代

(4) 360→104　　制定历法之时代

(5) 104以後　　曆法已行之时代

純太阴曆，史無实證。600前为观象授时之时代，新城於全文研究中加以修订。说"殷代中叶迄春秋初叶之间为3袭和太阴历与太陽历二者之特徵，以平年为12个月，闰年为13个月"（新城：190）另说今分更正者：

(1) 殷武丁　　　　陰陽曆，年終十三月置闰

(2) 殷祖甲至乙辛　　年中置闰

(3) 西周初　　　　年終置闰

(4) 春秋文宣以後　　年中置闰

(5) 360–370　　　　颛顼历、殷历等之以法定四分法古历之完成

(6) 紀元前104年　　太初历之制定与施行

阴阳历一年，12月或13月，称为平年或闰年。武丁卜辞中，平年、闰年都见过。

(1) 辛丑卜，禦，酌彝辛亥十二月

辛丑卜，于一月辛酉酌黍彝，十二月卜　　甲3049+3089

(2) 帝其及今十三月令雷

帝其于生一月令雷　　乙3282

(1) 十二月後接次年一月。辛丑、辛亥、辛酉各距一旬。辛丑、辛亥在十二月，辛酉在一月。十二月年終当在壬子至庚申九天内。（南按：辛酉未定在一月

依卜辞例定在旬首，则陈误为是。

此疑可删。

何日，十二月亦不知为大小月，则年终当在壬子至庚申九天，殊难说定。且所谓年终，指那几日？陈氏此说，有病。）

(2) 十三月接次年一月，所谓"生一月"，谓自今年十三月卜明年一月。闰年有闰月，多一月，成13月，故一年最末一月称为"十三月"。

一月日数30日，或29日，为"大月""小月"。武丁卜辞有大小月。甲2122，龟腹甲較完整，记九个月卜旬之辞

十月			癸酉
十一月	(癸未)	癸巳	癸卯
十二月	癸丑	(癸亥)	癸酉
十三月	(癸未)	癸巳	[癸卯]
(一月)	[癸卯]	(癸丑)	(癸亥)
二月	癸酉	癸未	(癸巳)
三月	(癸卯)	(癸丑)	(癸亥)
四月	癸酉	(癸未)	癸巳
五月	癸卯	癸丑	癸亥

括弧表示顺序增加的。十二月第三旬癸酉，二月第一旬癸酉，则十三月和一月所占为甲戌至壬申59日。这两月分配，必是30日及29日。其他例证，可参看殷历谱上编卷一：9；朔谱三。

一年中，大小月分配，因缺乏整齊的材料，無從知道。（南按：在不知月行遲疾，日行盈縮前古曆都是大小相間的。）但兩大月相接，所謂頻大月是可能有的。後編下1.5有一張曆日表，習刻者抄录農曆而作，缺刻橫畫，抄了兩月的干支日。

月一正曰食麥　甲子至癸巳

二月父秝　甲午至［癸］亥

正二月都是30日，甲子、甲午是初一朔日，但不能據此說殷代初一都是甲日，反证如下：（南按：可參看郭沫若《甲骨文字研究》《釋支干》156页 癸亥缺亥，非缺癸。陳氏误。）

庚午卜旅貞今夕亡禍，才十月一

辛未卜旅貞今夕亡禍，才十月二　河55

辛丑卜旅貞今夕亡禍，才十月

壬寅卜旅貞今夕亡禍，才十月一　河42

［甲］申卜行貞今夕亡禍，三月

乙酉卜行貞今夕亡禍，四月　續4.40.11

祖甲卜辞，此月晦日与下月朔日相衔。可证：辛未、壬寅、乙酉都是朔日。農麻与祀周不同，祀周必以甲日為一旬之始，农麻不必以甲日為一月之始。由於辛未、壬寅、乙酉之為朔日，而不始於甲，可證殷代月有大小。

平年与闰年的大小月的分配，無从知道。假设大致大小月相间而设，则平年当为353—354日，闰年当为383—385日，也将太麻。两些数大小於太陽年365—366日。殷麻谱(上编卷一：10；日至谱二)以为殷人知一年之長为365.25日，举乙15一片为证。

經五百[旬]
四旬[㞢]
七日至[于]
丁亥从[ ]
才大月

此武丁卜辞，每行末有殘缺，据佚123，801文例補入。谱误为文武丁辞，误"至"为日至，更引伸"由冬至至冬至，更至夏至，其日数為548日，即本片五百四旬七日，加入开始之一日"。因此武断的说548日是一年半，而一年是365.25日。战国时代的堯典有"朞三百有六旬有六日"之語，於一年日数仍取整数，未能精计四分之一，而说殷人已知四分之一，是很不合理的。(南按：此片既残，因有缺文。不能断定文词为："經五百日四旬㞢七日至于丁亥"通读材料，舒釋为一歲半，加开始一日，为548日，而得一歲歲实为365.25日。即为546日为一歲半，以$\frac{2}{3}$乘之，得歲实为365.33或$365\frac{1}{3}$，較四分法更为疎濶。陈氏以为尧典所述，尚取整数。然此如说：五百四旬七日至六为整数，以此评其不合说，则又未必然也。）

武丁卜辞有十三月的记载，祖庚、祖甲以後不见。以後置闰年中，有两个七月八月之类，即闰七月闰八月之类。始于何代，尚未确定。珠199，武丁卜旬之辞。

癸亥　二月

癸酉　三月

（癸未）

（癸巳）

癸卯　五月

癸亥　五月

可知癸酉是三月第一旬。若依干支相接之序，则癸卯不当是五月，可知三月五月之间应再加之旬，如下：

癸亥　二月

癸酉　三月　（癸未）三月　（癸巳）（三月）

癸卯　（闰月）（癸丑）（闰月）　癸亥（闰月）

癸酉　（四月）　癸未（四月）　癸巳（四月）
癸卯　五月　（癸丑）（五月）　癸亥（五月）

殷麻谱（闰谱一）不采用此法，而以為二月三月是此年，而五月属於下年，中间十三月置闰。然如此将两年卜甸刻於一骨而且地位相接，似属牵强。又"十三月"除见於武丁卜辞外，见於祖庚、祖甲二朝者，依其卜人分列於下：

祖庚卜人	兄	佚47
	出	鄴初35.1，39.2
祖甲卜人	矢	戩45.8
	大	前3.22.6
	尹	明1513
	行	河456
	即	鄴初38.1

由此可见年终置闰法在祖甲时仍存。不過当时已有了年中置闰法。其例如下：

癸丑　六月
癸亥　六月
癸酉　（六月或闰六月）
癸未　（闰）六月
癸巳　（闰六月）
癸卯　（闰六月或七月）

癸丑　七月

此見於佚399，是卜人大、兄、出輪流卜旬之辭。兄、出是祖庚卜人，大下延至祖甲時代。由此辭知祖庚時代已有年中置闰法，而較他晚的祖甲卜人尹、行、即卜旬辭中仍然有十三月之名。可見年終置闰与年中置闰，至少在某个時期内是並行的。董作賓一定要確定殷代麻法的改革在祖庚七年，是不可靠的。

到晚殷乙辛時代，则有年中置闰的實例，从正人方麻程表中，可以見到。兹擇其有关者如下：

佳十祀才九月，甲午　正人方，告于天邑商

才(闰)九月，癸亥　正人方，才雇

佳十祀才十月，甲午　正人方，才𨛜，从東

才十月又一癸卯　正人方

才十月又一癸丑　正人方，才亳

才十月又一癸亥　正人方

才十月又二己巳　步于攸

才十月又二癸酉　正人方

才十月又二癸未　正人方

才十月又二癸巳　正人方

佳十祀乡，才十月又二甲午　才潶餗

才正月［丁］酉

己亥　步于渗

才正月庚子　才洿餗

才正月癸卯　來正人方，才攸侯喜鄙

九月有甲午，十月有甲午。两甲午之间為61日，非两个太陰月所能容，故知九、十两月之中有闰月，当如殷麻谱闰谱五所推测，所闰為九月。正人方麻程，去程自九月甲午至闰九月癸亥，自天邑商至雇共行29日，回程自"云、奠河邑"(与雇相近)至曹餗(与天邑商相近)共行30日。由此亦可证"九月癸亥"之九月為闰九月。十二月甲午与正月丁酉之间為乙未丙申，则知佳王十一祀正月朔日当不出乙未、丙申、丁酉三日。由此上推，则闰九月癸亥约在月尾，九月甲午约在月尾。

西周初期金文的麻法，有十三月：

中鼎　啸堂 1.10

趩尊　三代 11、34.3—4，11、35.1

𤔲尊　三代 11、36.3

小臣静彝　攈古 2.3.58

可证它和殷代初期曆法相似，而和殷代晚期年中置闰法不同。殷代初期与西周初期或许同从一种年终置闰法，在发展过程中，有浸急之异。十三月制西周初期犹保持，到了春秋时代，春秋经左文、宣以后已是年中置闰。西周初期一月之中分別為"初吉""既望""既生霸""既死霸"等等名稱，這在卜辭中是沒有的。

(1)陰阳麻，有闰月。(2)闰月最初置於年终，称十三月，後来改置年中，正月至十二月。(3)月有大小，大月三十日，小月二十九日。一年之中大小月相錯，有頻大月的。(4)年有大小，平年十二个月，闰年十三个月。(5)利用祀周的甲子記日，每年每月不一定是始於甲日，朔日不一定逢甲。(6)武丁至殷末，麻法是改易的。

由於月日記載不联贯，不能恢復一二年谱，難於推出某朝麻法具体内容。殷麻谱基础不坚強，只提供了若干假設。大部分討論天象日月食、年代（殷周的年数）祀周（祀典、祀谱）。有关年代学，日月食年代都不可靠，朔日、节气……以作人方和祭祀系统，贡献很大。

紀時法

尔雅釋天"夏曰歲，商曰祀，周曰年，唐虞曰載"。尚书虞书部分用載字代年。歲、祀、年顺序来歷。乙辛卜辭云：

癸丑卜貞今歲受年，弘吉，才八月，隹王八祀 粹896

乙辛时代歲、年、祀有别，"受年""出年"即稔，指收穫。年若加数字者有下諸例：

自今十年㞢五，王豐　續1.44.5　武丁卜辭

貞至于十年　粹1279　廩辛卜辭

保十年　侯19

凡此之"年"，皆紀紀时，可能紀若干收获季节。武丁卜辭云：

癸丑貞二歲其㞢禍　甲2961

貞其于十歲迺㞢足　金571

辛未卜自今三歲毋烽，五　甲室藏骨

歲之言穗，言劌。說文穗作采，象手收禾之形，劌之義为利傷为割。在卜辭中，歲不作年歲解，亦不作歲星解。武丁卜辭云：

辛亥貞壬子又多公歲

弜又大口歲，茲　庫1022

大下失摹干支，当是大乙、大丁之类人名。

卜辭有今歲來歲

今歲受年　來歲受年　今來歲　下歲　今歲

可知歲大多數关乎年成。称歲记月的不多，

今歲二月　七月　八月　十二月

來歲　之月　八月

殷曆置闰常有先後，天時月分很有出入。同是八月，此年可能是"禾季"，那年可能是"麥季"开始。"禾季""麥季"指一年的上半年（春夏季）和下半年（秋冬季）。卜黍年、𣡕年在12、1、2、3等月，定为"禾

季"开始。卜年分两段：一段在1、2、3、4等月，所卜為禾类的收成；一段在9、10、11等月，所卜為麥類的收成，故定为"麥季"的开始。卜辞的卜年和卜歲都应在收穫以前，即每一"禾季"或"麥季"的前半段，即種植的時期。有此種假設，可试将一年分為两歲。

春字作萅，于省吾以为春字（骈枝Ⅰ：1—4），或作屯旾楮䒈蘇𦾔等形。秋字作龝，唐蘭以为秋字（殷虚文字记：5—8），或从火。康丁卜辞云：

叀今秋 一于春　粹 1151

叀于是相对的，秋春是相对的。"可证卜辞只有春秋两季而無冬夏。"卜辞卜今春王種黍与否，則知春当在禾季。卜辞今歲秋而系以二月，則知二月有時亦属於麥季，今北方所谓麥秋。卜辞记今春今秋者尚有以下各辞：

今春𣆪　善 5235

今秋其𢾊　前 2.5.3　乙辛卜辞

今屯受年，九月　前 4.6.6

卜辞中月名除一二三外，亦有專名。如下1.5 麻日表所记称正月為食麥，二月為父耘。食麥是麥收以後，二月父耘，字甚不清。父或用作播，或是播种的意思。

一日内的時间分段

日指白天，夕指夜晚。乙7126 今日其夕風 日、夕見于一辭。 中日雪 林2.16.4 中日其雨 粹719 中日即日中，無逸"自朝至於日中昃，不遑暇食"。魯語曰"日中考政"。易繫辭曰"日中爲市"。檀弓曰"殷人尚白，大事斂用日中"。淮南子天文篇谓之正中。卜辭说"中日至昃""中日至郭兮"，則"中日"在日昃之前，當是中午。中日乃午前午後的分界。(南按：以十二辰分配晝夜的时间，於是中日称為中午。)

丁明雀，大食日啟 庫209，續6.11.3 武丁卜辭 明在大食之前。 今日辛至昏雨 寧滬1.70 廩康卜辭 郭兮至昏不雨 粹715—717 郭沫若釋 昏在郭兮之後，郭兮在昃之後，則昏為昏夜。旦、昏相对，旦是日出，昏是日入。朝莫相对，朝在天明以後，莫在与昏相当。大食、小食即朝夕兩餐之时，详殷曆譜。(上編1:5-6)

假定时辰	6 卯	8 辰	10 巳	12 午	14 未	16 申		18 酉	24 亥
武丁卜辭	旦、明 日明	大采 大食	蓋日	中日	昃	小食		小采	夕
武丁以後卜辭	妹旦	朝 大食		中日	昃		郭兮 郭兮	莫 昏 落日	夕
文獻材料	昧爽、旦 旦明	朝 隅中 大采 蚤食		日中 正中	昃 小還	下昃 大還 餔时	夕	黄昏、定昏 少采 日入	夜

干支纪日法即甲子纪日法，乃是以十干和十二支交相组合而成60单位，以一个单位(如甲子)代表一日。在两个月内，甲子是不相重的。可以依序排成六行：

甲子 乙丑 丙寅 丁卯 戊辰 己巳 庚午 辛未 壬申 癸酉
甲戌 乙亥 丙子 丁丑 戊寅 己卯 庚辰 辛巳 壬午 癸未
甲申 乙酉 丙戌 丁亥 戊子 己丑 庚寅 辛卯 壬辰 癸巳
甲午 乙未 丙申 丁酉 戊戌 己亥 庚子 辛丑 壬寅 癸卯
甲辰 乙巳 丙午 丁未 戊申 己酉 庚戌 辛亥 壬子 癸丑
甲寅 乙卯 丙辰 丁巳 戊午 己未 庚申 辛酉 壬戌 癸亥

這六行都以甲为开始，漢、唐称为六甲。古代竹简木札每篇(片)写一行约20字上下，故六甲书于六篇。周礼占梦正义引郑志云"庚午在甲子篇，辛亥在甲辰篇也。中有甲戌甲申甲午成一月也"。六甲很自然包含两月，因此六甲产生了纪录月分有关。殷人祀祖依天干为序，祭完一篇称为一旬(即一週)，卜旬是一篇一篇卜的，在除了癸日卜的，因此三旬大略相当一个月。后世历法把甲子纪日法沿用，在生活中借用卜旬习惯而将一月分为三旬。如管子宙合篇"月有上中下旬"。

两月甲子不相重，过此则不得不标月分。

农历与祀周互相借用，二者分别如下：

(1)祀周以旬、祀季、祀三种祀周为单位，而借用农历的月；农历以月为单位而借用祀周之"祀"为年的单位；在"月""祀"之间有岁，可能包括春秋两个季度（各约为六个月）。(2)农历平年为十二个月，闰年为十三个月；祀周在乙辛时代为三个十二旬，在先前则短于此。(3)农历的正月要求和每年的天时有固定的关系，祀周的各祀季只是干支的机械的推移，不与天时相干。(4)"祀"与"祀季"始于甲日祭上甲，农历的岁首与朔月不一定是甲日。(5)祀周以整齐的旬为单位，农历与始甲终癸的旬无关。(6)祀周是殷代王室祭祀时的祀谱，农历是民间耕种的日程表。

天象记录

(一)月食

武丁卜辞，有好几次记载月食：

六日[甲]午夕，月出食　乙3317　卜人宾

七日己未豈，庚申月出食　库1595　金594　卜人争

月出食，闻，八月。　甲1289（殷历谱补作癸卯月食）

旬壬申夕，月出食　簠天2

三日□酉夕，[月出]食，闻　燕632　卜人古

"月出食"即"月有食"。诗十月之交"朔日辛卯，月有食之"。以上五次月食，有二次说"月有食，闻"，故文字"闻""昏"一字，或指月全食而天地皆黑。殷历

譜下编卷三交食谱对殷代月食，曾有推测，後来又屡有更改。殷代月食考最後推测根据一下几种假设：(1)以为殷代甲子纪日一直传到今日而未打乱；(2)依从汉代三统历以纪元前1122为殷亡之年，上推273年为盘庚迁殷之年，盘庚以下各王依据後世的书本补定各王年数；(3)以为殷代历法是古四分术，所用是无节置闰之法，并以为正月为建丑之月（即董先生所谓"殷历"）；(4)根据德效骞(H. H. Dubs)所作"纪元前11至14世纪安阳及中国所见月食表"（哈佛亚细亚学报，十卷二号，1947）。其中(2)(3)两项完全错误，一则相信汉及其後的古代年代的追定，一则相信殷代存有战国、秦汉时代才发展完成的四分术。

要是(1)(4)两说可靠，在400年间，记有某个干支的月食也不止出现一次。武丁时代五次月食，只有一次是日与干支完整的，根据殷代月食考附图，除所采五个年分外，至少尚有另一种可能。

卜辞月食	殷代月食考所采	另一种可能	卜人
		1229年	宾（武丁）
[甲]午	1373年（盘庚）	1218年	争（武丁）
庚申	1311年（武丁）		
[癸卯]	1344年（小乙）	1183年	
壬申	1282年（武丁）		

都移下二行↓

〔乙酉〕　　1320年（武丁）　　古（武丁）

癸卯、乙酉两月食，干支有误，是殷历谱推测的。可以除去。甲午月食"甲"字也是补的，根据同辞上下文，所补可能不误。如此只有甲午、庚申、壬申三个月食，而前二者的卜人宾和争，则均属于武丁。殷代月食考定祖甲时的月食，因此把武丁卜人宾所卜的甲午月食推到他所谓的般庚时代，实在是不可能的。我们另一种可能排甲午、庚申、壬申三月食为1229、1218、1183诸年。如此则三个月食介于1183—1229四十余年间，同世卜人成为可能，而且在武丁59年范围之内，也符合于纪年以1300年以近殷之年。凡此也只是一种推测而已。

武丁月食有两辞同版上有月名，其一云

……月出食，闻，八月。　甲1289

殷历谱补作"癸卯"，但缺乏根据。其二见于库1595（正、反两面）和金594（正、反两面）。殷历谱的读法(一)和我们另一种的读法(二)不同，并写于下：

(一) 癸丑卜貞旬亡禍	(二) 癸亥
七日己未，豈	癸未，十三月
庚申月出食	癸巳卜貞旬亡禍
癸亥卜貞旬亡禍	癸卯卜貞旬亡禍

癸酉卜貞旬亾禍　　　　[癸丑卜貞旬亾禍]
癸未十三月　　　　　　七日己未夕嵒
癸未卜貞旬亾禍　　　　庚申月出食
三日乙酉，夕嵒
丙戌允有来入齒，十三月
癸巳卜貞亾禍
癸卯卜貞亾禍

(一)的读法是並庫1595和金594而读的，(二)只用金594而以庫1595補写癸丑一卜。依(一)的读法，庚申月食在望日，距癸丑八日，則癸丑是此月之上旬而此月有丑、亥、酉三癸日；癸未既为十三月，則庚申当为十二月。依(二)的读法，癸未为十三月，庚申为下月"一月"之望日，癸丑为一月初旬，則十三月应有未、巳、卯三癸日，而一月应有丑、亥、酉三癸日。依(二)的读法，則庚申月食，不能在一月，即闰十三月後的正月。

此庚申月食，当於殷历谱所推的紀元前1311年11月12辛酉日天明前，或我们所推的紀元前1218年11月15日庚申夜，都是阳历的11月。

殷历谱以为殷人所谓夕指某日（如壬申日）的整夜，即壬申日落以後到次日"晨初"以前。但卜辞所记月食，或作"甲午夕月出食""自壬申夕，月出食”，或作“庚申月出食”，後者为何不作“庚申夕”？就武丁三次月食，可以试为推测如下：

(1) 壬申夕月出食

纪元前1183年1月28日癸酉晨前4.0时初亏

(2) 甲午夕月出食

纪元前1229年12月17日乙未晨前0.4时初亏

(3) 庚申月出食

纪元前1218年11月15日庚申夜半23.1时初亏

据此似乎称为夕者指本干支日的夜半以后，不称夕者指本干支日的午夜以前。尚书大传（据陈寿祺辑本）说殷“以鸡鸣为朔”，周“以夜半为朔”，是说殷制以鸡鸣为一日之开始，周制以夜半为一日之开始。尚书大传郑注又云“惟晨为夕，或曰惟晨为朝，初昏为夕也。”因前说，夕指夜半至晨前。

殷代月食考所定“壬申夕”月食亦在1282年癸酉晨前，与我们所选定的壬申次日晨前一样。但是他所定另外二次月食：

(1) 庚申月出食

纪元前1311年11月24日辛酉晨前1.7时初亏

(2) 甲午夕月出食

纪元前1373年3月27日甲午黄昏15.06复圆

如此庚申不称夕而月食在次日，甲午称夕而月食在本日食的。这个推定是错误的。所定1373年甲午月食在安阳不能见，距1282年壬申月食92年，这些卜辞都是武丁时代的。

（二）日食

僅二見

日㞢食　林1.10.5　武丁卜辞

日月又食，隹若——日月又食，非若　佚374　武乙卜辞

武丁日食，残片，三字横行，读法恐有问题。武乙卜辞日月又食，又见董人，卜夭，也可读作"日夕又食"。除此一外，24508午组卜辞有"又食，告"，或许也是日食。

（三）日又戠

武乙卜辞常有日有戠的记录

日又戠，其告于父丁　上29.6

日又戠，其告于父丁，用牛九

日戠，其告于河

日又戠，非祸，隹若　粹55

卜辞戠的用法有三：（1）日戠；（2）"王賓戠"，是祭名；（3）佚518"隻商戠兕"，假作𢧵，是戠色牛的专名。日又戠有两种不同的解释：一如郭沫若在粹55考释所推测，以为"戠与食音同，盖言日蝕之事"；一董若诠读或𢧵，乃指日中黑点或黑子。由前说，则武乙卜辞称日又食为日又戠；由後说则殷代已有日珥记

的记録。漢书五行志成帝河平元年（BC 28年）"日出黄，有黑气大如钱，居日中央"，是为世界记日斑的最古的文献（详朱文鑫中国日斑纪史，天文考古録）。廣雅释詁："黓，黑也"，弋戠古音同，说文曰"樴，弋也"；"酨，酒色也。"

卜辞风作凤或鳳，有"大风""小风"（乙194，拾7.9），武丁卜辞又有"大掫风"，于省吾以为即大骤风大暴风（骈枝四23）。廪辛卜辞有"大[illegible]"（甲3918），廣雅释詁四"悦，狂也"，"兑""王"古音同，当是大狂风。凡此大风、小风、大骤风、大狂风乃是风力的区分。尔雅释天有四方的风名，廣雅释天有八方的风名，後者根据了吕氏春秋有始篇、淮南子天文训和史记律书。凡此与卜辞的四方风名，都不相同。善斋藏骨（京津520），掇二119（京津520）和金261（十三次发掘所得）都记有四方之名和各方的风名如下：

東方　风曰劦

南方　风曰𠔁　善斋骨方名与风名互倒

西方　风曰朿　〃　〃　〃　〃

北方　风曰役

山海经北山经"北[illegible]之山，其风若飈"，说文劦下引作"其风曰劦"，此丁声树所指出。周语上"瞽告有协风至"，注云"立春日融风也"。北山经之北方之风为劦，与卜辞不同。廪康卜辞云：

𩙥風東𩖢，又大雨　前4.42.6

即青鳥，亦即東風。大荒西經曰"來風曰韋"，此據楊樹達說（積微居甲文說:17）。南風、北風，字皆可識。四方風名，乃風神名，猶後世稱風神為飛廉或屏翳。

（五）霾

詩終風"終風且霾"傳云"霾，雨土也。"卜辭霾字，郭沫若以為霾（卜通417）

（六）雨

記載最多。

（七）雪

庚子卜雪——甲辰卜雨，丙午雨　下1.13

（八）雲

云，其雨？不雨？　乙108

殷人由雲而推測判下雨不下雨。"各云"與虹、蜺有密切關係。

（九）虹

三虹作㣇，郭沫若釋蜺"乃此作雌雄二虹而兩端有首"（卜通426），于省吾釋虹（駢枝Ⅰ:15—19）。說文"虹，螮蝀也"。……

…… ……

(十五) 啓、星

武丁卜辭中啓字，諸家所釋，均未確切，其辭云：

甲辰大驟風，之夕啓　菁5；續5.32.1；佚386

七日己巳夕啓，出新大晶並火　下9.1

丁酉雨，之夕啓　丁酉允雨，少　續4.6.1

七日己未啓，庚申月出食　庫1595；金594

"夕啓"一定指晚上的氣候，因武丁卜辭啓字只有兩个用法：一為用牲之法，一为夕啓。晚上的氣候通常以見星為例，所以雨止於夜謂之姓(今作晴)，說文"姓，雨而夜除，星見也"，"暒，星無雲也"。詩定之方中"星言夙駕"，鄭箋云"星，雨止星見"，馬瑞辰毛詩傳箋通釋引韓非子說林下"雨十日，夜星"，說"夜星即姓也"，是很正確的。武丁卜辭云：

冬夕……夕亦大星　簠雜120

積微居甲文說頁10說"大星者天上星大出也"，又說"大星即大姓"，字作晶，亦見以下的武丁卜辭：

其……星　庫598

星　拾14.6

乙巳酚，明雨，伐既雨，咸伐亦雨，𢦏卯鳥星

乙6664，6672，6673

[大]采烙云自北，西單雷……𢦏星，三月　前7.26.4

王固曰□□□雨；乙卯允明霍，三□食日大星。乙6386
凡此“星”“大星”似乎都是夜晴，也有作為星辰之星的可能。

“夕岦”之义不外乎指夜间有星無雲或無星有雲。

南按：王固曰一条明言食日大星，則非夜晴，陈氏加“似乎”二字，破非亦非是。此条中央研究院院藏档报告一三：“貞：翌乙卯不其易日，王固曰‘出希，勿雨’。乙卯允明，霍，三嗇食日，大星。”与陈氏所述董作賓殷虚文字乙编所录出入甚多。解釋刘朝陽者与大異，值得研究。

陳遵媯著《中國古代天文學簡史》日珥紀事下云：

日珥是太陽表面突出的“火焰”，是一種气体。在分光仪发明以前，只有日全食的时候，肉眼才能看到。我国既然有了世界上最早的日食记录了，当然也应该有世界上最早的日珥记录了。

甲骨卜辞有一片上有关于日食的记事；它的大意是说：乙卯那天天明的时候有雾，当时在日出之後，看到“三焰”和“大星”。这“三焰”应当就是指三个火焰的意思。我们知道在日全食的时候，常常在太陽边緣，能看到像火焰的東西，那就是日珥。

這次日全食，在太陽全部被月亮遮住的时候，

中国古代科学家　科学出版社　1963

鲁班　扁鹊　李冰　蔡伦　张衡　张仲景　华佗

马钧　裴秀　葛洪　祖冲之　郦道元　贾思勰

陶弘景　李春　孙思邈　一行　毕昇　沈括

苏颂　李诫　郭守敬　王祯　黄道婆　李时珍

徐光启　徐霞客　宋应星　明安图

张衡　中华　中国历史小丛书　605　曹增祥编

大科学家祖冲之　上海人民出版社　李迪编　59、

沈括　上海人民出版社　张家驹著　62年

郭守敬　李迪编　上海人民出版社　66年

徐光启纪念论文集　中华　科研室编　63年

美國哈佛大学天文叢书
The Harvard Books on Astronomy

地球、月球和行星
Earth, Moon, And Planets

在行星中间
Between The Planets

变星的故事
The story of Variable stars

銀河
The Milky Way

Galaxies

原子、星和星雲
Atoms, Stars, And Nebulae

望遠鏡及其附件
Tools of The Astronomer?

天文学的工具

Tools of the Astronomer

河外星云

?

李杭《略谈苏联的天文普及教育》

“先后于1948年前后完全譯成俄文出版”

北京天文館編

《苏联天文学的辉煌成就》

恒星構造

Stars in the Making

我们的太陽

Our Sun

第五表 尋找行星

行星	太陽	水星		金星	
日子	13th	3rd	13th	23rd	13th	28th
1963	293					
一月	325					
二月	353					
三月	23					
四月	52					
五月	82					
六月	111					
七月	141					
八月	170					
九月	200					
十月	231					
十一月	262					
十二月						

Fred L. Whipple

Earth, Moon, And Planets

Revised Edition

The Harvard Books on Astronomy

Harvard University Press

Cambridge, Massachusetts
1963

附録 1

波得定律 Bode's Law

波得定律是 J.E.Bode(1747—1826)波得所宣佈。

按：Titius 於 1772 年，Wolf 於 1741 年，Bode's 於 1778 皆曾發見此律，三人皆為德人。

不是物理定律，而是太陽和行星距離的便利的坐標。在各行星上寫上 4 的數字，在水星 0 上，金星連續 3 上，地球 6 上，火星 12 上，小行星 24 上，依次接續寫上 4 的數字。這一結果幾乎可以代表各行星至太陽的距離（天文單位的）。數字列表如下：

	水星	金星	地球	火星	小行星
	4	4	4	4	4
	0	3	6	12	24
波得定律	0.4	0.7	1.0	1.6	2.8
實際的	0.39	0.72	1.00	1.52	—

木星	土星	天王星	海王星	冥王星
4	4	4	—	4
48	96	192	—	384
5.2	10.0	19.6	—	38.8
5.20	9.54	19.19	30.07	39.46

注意波得定律是包括小行星的，對於距離的运用冥王星較海王星为真切。海王星的地位與定律是引用Leverrier's和Adams's（亞當士John Couch Adams英人）的预示。這个预示规定因此可以考虑是错误的。这个规律是没有什么理论基础是可以解释的。

按：可参阅张钰哲著《天文学论丛》《[illegible]〈世界[illegible]〉》一文。

附録 2

行星的對坐位置

Planetary Configurations

行星的多種的幾何的位置关於地球与太陽和地球被称为行星的對坐位置。Planetary Configurations 顯示於下圖。从地上观察行星和太陽之间的角度称为離角。elongation

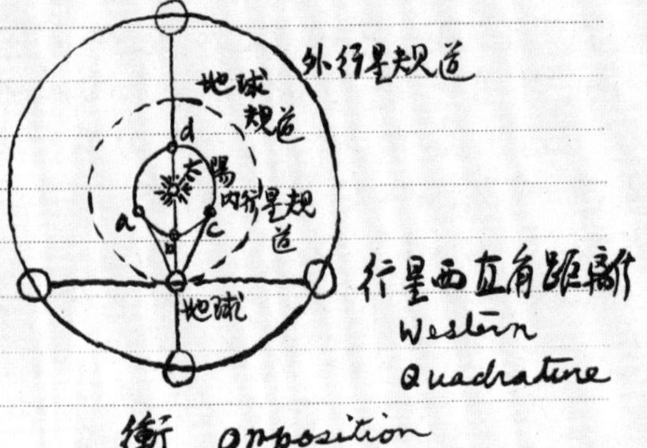

a. 東向最大離角 Greatest E Elongation

b. 下合 Inferior Conjunction

c. 西向最大距角 Greatest W Elongation
d. 上合 Superior Conjunction

从地球看一个内行星或外行星的多种对坐的位置
planetary configurations as seen from the Earth, for an inferior and a superior planet.

一个上行星，它的軌道是在地球軌道之外，經过完全離角到 180° 东或西。一个下行星，它的軌道在地球軌道之内，只有一定的離角：东向最大距角或西向最大距角。一个内下行星当它經过地球和太陽之间到了下合，和在太陽之上到了上合。 述

一个上行星同样可以到上合(或簡称合)。当它直接對向太陽时，對坐位置称为衝。對坐位置到达太陽方向的右角是東向最大距角或西向最大距角。

一个下行星当近於距角最大时是

增附録 3

行星数据表

1、地球和太陽的平均距離，即 92,956,000 miles，或 149,598,000 Kilometers，稱为一天文單位。astronomical unit

地球和月球的平均距離为：238,856 miles，或 384,402 Kilometers；最大为 252,710 miles；最小为 221,463 miles。

2、恒星周期是某行星或卫星，绕日东行一周。(Sidereal period) 一个回归年 tropical year（季節的）是 365日5时48分46秒，即 365.242199日。列於表之第2和3栏。

3、会合周期 ~~Sidereal~~ synodic Period 是从地面看去行星绕日一周。

4、地球的赤道直径 equatorial diameter 是 7926.4 miles，或 12,756.3 Kilometers，極直径 polar diameter 是 7899.8 miles，或 12,756.3 Kilometers

5、地球重量 Earth Weighs 是 6,600,000,000,000,000,000,000 tons 或 5.976×10^{21} metric tons

數序　项目

1、和太陽的平均距離

(天文单位)

2、恒星周期 ~~Syp~~ Sidereal period

3、会合周期 Synodic period

4、轨道偏心率 Eccentricity of orbit

5、行星轨道对于黄道的倾斜度

Inclination of orbit to ecliptic

6、轨道上的运行速度 Orbital Velocity (mi/sec)

7、赤道直径 Equatorial diameter (mi)

8、Polar flattening

9、体积 Volume (Earth = 1.0)

10、质量 Mass (Earth = 1.0)

11、密度 Density (Earth = 1.0)

12、表面比重 Surface gravity (Earth = 1.0)

13、逸出速率 Velocity of escape (mi/sec)

14、轴转周期 Period of rotation

15、表面最高温度 Maximum Surface temperature (deg. F)

16、大气所含气体 Gases identified in atmosphere

17、卫星数 Number of satellites

18、反照率 Albedo

水星 Mercury	金星 Venus	地球 Earth
0.387	0.723	1.000
87.97d	224.70d	365.256d
115.88d	583.92d	—
0.206	0.007	0.017
7°.0	3°.4	0°.0
29.7	21.7	18.5
3010	7620	7926.4
?	?	1/298.35
0.055	0.878	1.000
0.054	0.814	1.000
5.5	5.1	5.52
0.38	0.89	1.0
2.6	6.4	6.95
88.0d	225?	23h56m
780°	1000°?	140°
沒有	CO_2, H_2O	许多
0	0	1
0.058	0.76	0.35

月球 Moon	火星 Mars	木星 Jupiter
1.000	1.524	5.203
$27^{d}.32$	$687^{d}.0$	$11^{y}.86$
$29^{d}.53$	$779^{d}.9$	$1^{y}.092$
0.05	0.093	0.048
$5^{\circ}.1$	$1^{\circ}.8$	$1^{\circ}.3$
0.64	15.0	8.1
2160.6	4220	88,800
1/2000	1/120?	1/15.2
0.0203	0.150	1320
0.01229	0.1077	317.47
3.34	3.97	1.33
0.165	0.38	2.64
1.475	3.12	37.7
$27^{d}.3$	$24^{h}.6$	$9^{h}.9$
212°	75°	-190°
沒有	CO_2, H_2O	CH_4, NH_3 H_2, He?
0	2	12
0.07	0.15	0.51

土星 Saturn	天王星 Uranus	海王星 Neptune
9.539	19.182	30.058
29年46	84年01	164年8
1年035	1年012	1年006
0.056	0.047	0.009
2°.5	0°.8	1°.8
6.0	4.2	3.4
74,000	29,500	27,200
1/10.2	1/17	?
736	57	40
95.07	14.31	17.60
0.71	1.53	2.41
1.17	1.03	1.50
22.5	13.6	13.6
$10^{h}2-10^{h}6$	$10^{h}8$	$15^{h}7$
-270°	-330°?	-360°?
CH_4, NH_3	CH_4, H_2	CH_4, H_2
H_2, He?		
9	5	2
0.50	0.66	0.62

冥王星 Pluto	太陽 Sun
39.518	0
$248^{y}.4$	-
$1^{y}.004$	-
0.249	-
$17^{\circ}.1$	-
3.0	-
3600 ?	865,000
?	-
0.1 ?	1,304,000
?	332,500
?	1.41
?	28
?	383
153^{h}	25^{d}
-360° ?	$10,000^{\circ}$
沒有	許多
	-
0	-
0.15 ?	-

6、物体当速率时赤道（永远）向外空间射出（大氣阻力不计）

7、太陽的軸转周期从赤道的25.0日，变为在纬度35°的26.6日。

8、CO_2是二氧化碳 Carbon dioxide。CH_4是甲烷，或称沼氣；NH_3是硇精，或称阿摩尼亚。大行星上的雲層存在着大量的阿摩尼亚结晶体。氯氣在包们的大氣中可能是十分丰富的。

9、反照率是行星的光的投射和反射总量的比率。

各项数据

Miscellaneous Data

光速：186,282.1 mi/sec = 299,792.5 Km/sec

牛顿的永恒的重力定律，

力 $= Gm_1m_2/r^2$：G

$= 6.67\times10^{-8}\ cm^3/(gm\ sec^2)$

太陽的視差 Parallax of the Sun：

8.7942 sec arc.

一天文单位光所需要的时间 499.01sec

光年，光一年所经过的距离：

5,878,500,000,000 mi = 9.4605 × 10^{17} cm
地球赤道表面上的重力：978.036 cm/sec^2
地球赤道上的轴转速度
1035 mi/hr = 0.4626 Km/sec
1 meter = 39.37 inches 对称的
1 Kilometer (Km) = 1000 grams =
2.20462 pounds (Lb)
1 metric ton = 1000 Kg = 2204.62 Lb
= 1.10232 tons 一般的
攝氏温度 (°C) = 5/9 (Temp. °F − 32°)
華氏温度 (°F) = 9/5 (Temp. °C) + 32°

附録 4

星図 The star chart

这張星图（164图）初意是为从1962年至1970年任何时间第五表中（见附録5）確定和同一行星位置之用的。北极圈之图则显示於165图中。

星的大小是被它的光亮的反射的等级所限定。一个一等星是廿个最光亮的平均亮度。一个六等星恰 天上 是它的光亮的百分之一，同时在清夜肉眼可以明显的看到。每一等级的亮度以 2.512 times（$\sqrt[5]{100}$）为步序。因此，一个六等星是 2.512 times as one of the seventh magnitude，和一百 time as bright as one of the eleventh magnitude.

因为最亮的星价值走向反面。（价值 Values？）天狼星 Sirius 是天上最亮的星，光度是 −1.42。金星，是行星最亮的星，有时光度到达 −4.3。它是一百倍的比超过一等星的光辉。

木星最大限度时光度到达 -2.5，火星 -2.8，土星 -0.4，和水星 -1.2。天王星光度是 5.7，肉眼都能看到，但看到是十分个别的。海王星光度是 7.6，在小望远镜中完全可以看到，但是发觉冥王星是较困难的。

五五 图二帧

金星、木星、和火星比任何恒星都亮，因此，在天上是容易指出的。土星也容易看到，只有少数的恒星光辉是胜过它的。行星有时可以从它光的稳定所显示；恒星附近的光则常有强烈的闪耀。水星是常近太阳的；因此，常常无法去寻找，除非在距角最大时，给以便利的观察条件。

星座兴起于古代；常常是拉丁、希腊和阿拉伯的名词。在近代，许多星座的区域已经为国际所规划定和公認。星座 Constellation 中最亮的星普通称为(α)，次为(β)，三为(γ)，如此，都用希腊字母，虽然有些是例外的。(星座名词的主词是格定的。)许多星是有普通名词的。最为显著的星座在星图上星上標出α，β，和γ，这是在其中選出若干。图上三等星是全的，（只存两或三个例外）四等星只表示若干。

有些最亮（天体）的星名词例入第4表中。

图中穿過中间的地平线 horizontal line 是天体的赤道在天上。在美国在南向一面（体）是引以指出的，看去为40°到65°的角（90°减去观察者的纬度）。

这長的曲线經過天体的赤道是天体的黄道。凡星行星都出现在大约黄道的7°之内。阔的带子，黄道是它的中心线，包括行星的运行道路称为黄道帶。Zodiac 沿着黄道的度数称为黄經，这是符合于天上的地球上的經线。（第五表中給以行星的黄經从1962到1970僅刹的间隙时间。）图中底層的刻度是赤經度，right ascension 以时间计算，24小时＝360°，因此1小时＝15°。赤經度和黄經相係，除了沿了天体赤道测量来代替黄道。

图中垂直旁边的刻度是赤纬，计称时赤道北为北，南为负。天球的赤纬是正确的類似地上的纬度。

一般的银河画，成綠，Galaxy是画出的。

星图是Donald A. MacRae所画。

星图用法

把星图放在南方。

设时间为8P.M，地流动的星座会显示在南方。这图会伸过你的头和在地平線下。

在10P.M.看下个月，在12P.M.看其次月，依次推想，在6P.M.看前一个月。

假使你住于南半球，把图放在上侧，面向南北方。

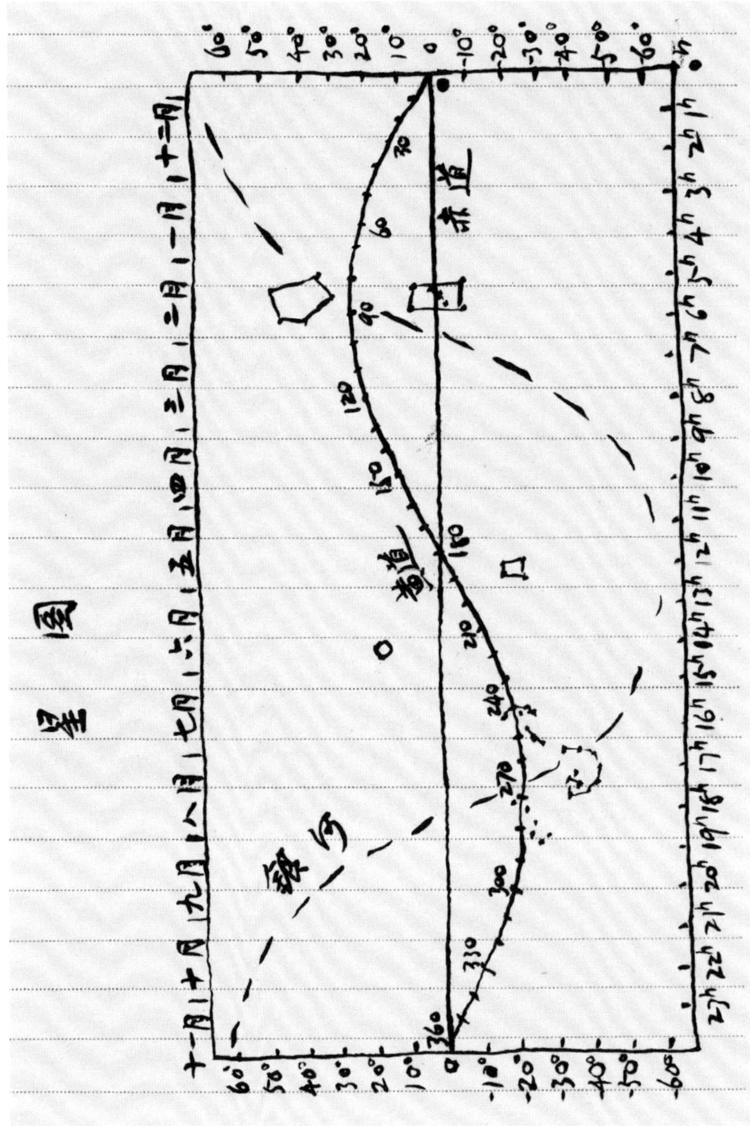

星圖
十一月
十月
九月
八月
七月
六月
五月
四月
三月
二月
一月
十二月
黄道
赤道
銀河

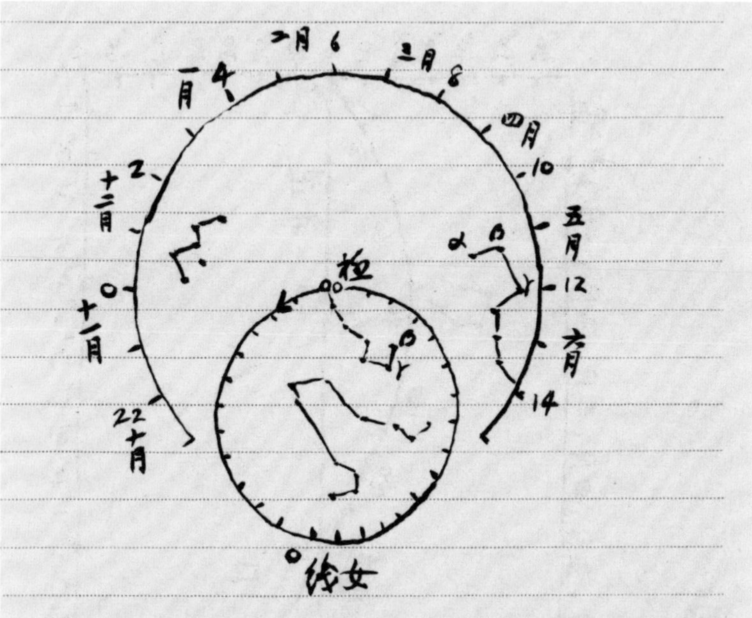

北極圈圖　在近 8 P.M，面北，對所需月份觀測。小圈表示歲差圈，每格為1000年，一周約26,000年。在14,000 A.D.、織女星將為北極星。

(Donald A. MacRae.)

第四表 最亮的星

名词 星座	名词 通称		可见亮度	距离(光年)
α CMa	Sirius	天狼	$-1^{m}.42$	9
α Carinae	Canopus	老人	−0.72	100?
α Centauri	—		−0.25	4.3
α Bootis	Arcturus	大角	−0.06	36
α Lyrae	Vega	织女一	0.04	26
α Aurigae	Capella	五车二	0.05	47
β Orionis	Rigel	参宿七	0.14	800?
α Canis Minoris	Procyon	南河三	0.38	11
α Orionis	Betegeuse	参宿四	(0.41)	500?
α Eridani	Achernar	水委一	0.51	70?
β Centauri	—		0.63	300?
α Aquilae	Altair	河鼓二	0.77	16
α Virginis	Spica	角宿一	(0.91)	260?
α Scorpii	Antares	心宿二	(0.92)	400?
β Geminorum	Pollux	北河三	1.16	40
α Piscis Australis	Fomalhaut	北落师门	1.19	23
α Cygni	Deneb	天津四	1.26	1400?
α Leonis	Regulus	轩辕十四	1.36	75
α Crucis	—		1.39	400
α Geminorum	Castor	北河二	+1.97	45

数据是 G.H. Herbig 和 G.E. Worley 编纂的。

附录 5

寻找行星

第五表从1962年到1970年给出亮的行星指出地位。在这表中主要的是 Karl Schoch 计算的；同时，被指出了如何运用星图。数字是黄经的度数。这些行星在星图上位置都近于黄道，由于黄经。用斜体书写的用作早晨的合黄经。

太阳的黄经给以每月的13号的晚上。上行星如火星、木星和土星当它们接近天上的太阳时较难寻找，即是近上合时；在上合日子前用†剑号表明。当近于衝时整夜都可观察，用*星標表明。当它们在衝前大约两月在晚上是看到见的。木星常横在黄道两度以内，土星3°和火星7°。火星当接近衝时，错行很大，142周是最便利的衝时。水星在黄经上运动很快，十天给以一个间距。水星十分接近太阳时，第五表中没有黄经標明。水星距离太阳在最大離角时变化巨大，由于轨道的離心率。每个最大離角记出只有一个。在黄經上至少一个。黄经值在第4表中十天作为一个间距四次连续註出，水星用肉眼辨认是一个很好机会。在这一系中间，選擇一个晚上。在一或两的连续值时没有双眼也应该是很少机会寻见水星的。当~~数值记出~~選擇记出的数值~~时~~日子时是最好去认水星的。在所给的黄经上，水星是常接在黄道上六度的。

金星的经度是以15天作为一个间距的。这个行星是很光亮的，当它接近太陽时是可以有机会看到的，它的经度是可以不计较的，但在晚上或早晨朦胧之时这些时间的是很清晰可见的。金星接在黄道上是7°左右。

金星和水星~~可一般~~只是晚上可以看见，只是它的经度不用斜体字註出时。经度用斜体字註出时，那是只有早起天上可以看见。

如你希望用另一星图代替164图，第五表中数字用15分之一以变换它的时间。於是改正的赤经度另一星图的，標出行用星近於黄道的位置的同今表。

如何寻找行星

第五表中阅读各行星所记出的年月数字的最近日子。沿着黄道曲线，在星表上的，注意其所标出的数字。查看行星在黄道上的位置，同时也标出的太阳的位置。

假如第五表中无数字标出，说明行星是十分接近太阳。当数字上用括号记出，或十分接近这数字时，是看不到这行星的。注意用斜体字(000)标出行星是在早上的，在用*表上的，两月前晚上这行星可以看到。

请对照2关於行星对出位置的解释，和对照4关於星图的叙述。

例如：标出1965年，12，24耶稣圣诞节晚上行星的位置。如262页，1965年12月，13号太阳是位于262°，水星在12月23号是251°，金星在十二月28号是314°，火星12月13号293°，木星12月13号是87°*，土星12月13号是341°。因此，木星接近冲日，在深夜是理想的观察时间，同时接近银河中的数亮星。金星、火星、和土星南天观察比北天便利。太阳在

12月24日黄经将近至273°，火星将出现很早。水星在早上是很难看见的。

第5表　寻找行星

行星	太陽	水星			金星	
日期	13th	3rd	13th	23rd	13th	28th
1963						
一月	293	302	—	—	247	262
二月	325	292	299	311	279	296
三月	353	322	—	—	311	329
四月	23	—	—	53	348	6
五月	52	—	—	—	24	42
六月	82	52	59	72	62	—
七月	111	—	—	—	—	—
八月	141	151	166	178	—	—
九月	170	185	—	—	—	—
十月	200	172	—	—	—	—
十一月	231	—	—	—	—	269
十二月	262	—	281	—	288	307
1964						
一月	293	—	—	279	326	345
二月	324	291	305	—	4	22
三月	354	—	—	—	37	54
四月	24	33	—	—	70	83
五月	53	—	32	38	93	97

	火星	木星	土星
	13时	13时	13时
1963			
一月	142	342	311 +
二月	131*	348	315
三月	125	355 +	318
四月	130	2	321
五月	140	9	323
六月	155	15	323
七月	172	18	322
八月	191	19	320*
九月	211	17	317
十月	232	14*	316
十一月	254	10	317
十二月	277	10	319
1964			
一月	300	12	322
二月	325 +	17	325 +
三月	348	23	328
四月	12	30 +	332
五月	35	38	334

	太陽	水星			金星	
六月	83	51	—	—	—	—
七月	112	—	—	145	81	86
八月	141	159	167	—	97	110
九月	171	—	164	—	126	142
十月	201	—	—	—	160	177
十一月	232	—	—	262	197	215
十二月	262	273	—	—	234	252
1965						
一月	294	261	272	—	272	—
二月	325	—	—	—	—	—
三月	353	—	—	22	—	—
四月	24	—	—	9	—	—
五月	53	17	28	43	—	—
六月	83	—	—	—	—	118
七月	111	124	138	147	136	154
八月	141	—	—	—	173	191
九月	171	143	—	—	210	228
十月	200	—	—	—	245	261
十一月	232	242	254	—	279	293
十二月	262	—	243	251	306	314
1966						
一月	294	—	—	—	—	—

	火星	木星	土星
六月	58	45	335
七月	78	50	334
八月	100	55	332*
九月	119	56	330
十月	137	55	328
十一月	154	51*	327
十二月	168	47	329
1965			
一月	177	46	332
二月	176	48	336†
三月	167*	52	339
四月	159	58	343
五月	162	65†	345
六月	173	72	347
七月	188	79	347
八月	206	85	345
九月	226	90	343*
十月	247	91	341
十一月	270	90	340
十二月	293	87*	341
1966			
一月	317	83	343

	太陽	水星			金星	
二月	325	—	—	—	299	302
三月	353	1	—	—	310	322
四月	24	352	357	6	337	353
五月	53	20	—	—	10	27
六月	82	—	—	117	45	63
七月	111	127	132	—	81	99
八月	141	—	123	—	118	—
九月	171	—	—	—	—	—
十月	~~231~~ 200	~~242~~ —	—	—	—	—
十一月	~~262~~ 231	242	—	—	—	—
十二月	262	231	—	—	—	—
1967						
一月	293	—	—	—	—	—
二月	325	—	342	—	348	7
三月	353	—	~~337~~	337	22	41
四月	23	346	9	—	60	77
五月	52	—	—	—	94	111
六月	82	95	106	112	128	142
七月	111	—	—	—	154	162
八月	141	112	—	—	163	—
九月	170	—	—	202	—	149
十月	200	215	225	—	157	169

	火星	木星	土星
二月	342	81	346十
三月	4	82	350
四月	27十	86	354
五月	49	92	357
六月	71	98十	359
七月	91	105	359
八月	113	112	358
九月	132	118	356*
十月	151	122	353
十一月	169	124	353
十二月	185	124	353
1967			
一月	200	120*	355
二月	210	116	358
三月	213	115	1十
四月	205*	116	5
五月	196	119	8
六月	197	124	11
七月	208	130十	12
八月	223	137	12
九月	242	144	10
十月	263	149	8*

	太陽		水星		金星	8(a)
十一月	231	—	212	—	184	201
十二月	262	—	—	—	218	236
1968						
一月	293	—	—	—	255	273
二月	324	332	—	—	292	311
三月	354	318	326	338	328	346
四月	24	—	—	—	—	—
五月	53	—	—	86	—	—
六月	83	—	—	—	—	—
七月	112	—	91	—	—	—
八月	141	—	—	—	—	—
九月	171	183	197	207	194	213
十月	201	211	—	—	231	250
十一月	232	204	—	—	269	287
十二月	262	—	—	—	305	322
1969						
一月	294	—	313	—	340	356
二月	325	—	301	309	11	22
三月	353	318	342	—	27	—
四月	24	—	—	—	—	10
五月	53	64	—	—	14	24
六月	83	—	—	70	37	52

	火星	木星	土星
十一月	286	154	6
十二月	309	156	5
1968			
一月	334	155	6
二月	358	152*	9
三月	20	148	12†
四月	42	146	16
五月	64	147	20
六月	85†	150	23
七月	105	155	25
八月	125	161†	25
九月	145	168	24
十月	164	174	22*
十一月	183	180	20
十二月	201	184	18
1969	218	186	19
一月	235	185	21
二月	247	182*	24
三月	256	178	28†
四月	255	176	31
五月	↓	↓	↓
六月	245*	177	35

	太陽	水星			金星	
七月	111	—	—	—	68	84
八月	141	—	162	176	103	120
九月	171	188	195	—	139	157
十月	200	—	182	—	176	194
十一月	232	—	—	—	—	—
十二月	262	—	—	—	—	—
1970						
一月	294	300	—	284	—	—
二月	325	290	301	315	—	—
三月	353	—	—	—	—	—
四月	24	—	43	—	43	62
五月	53	—	—	—	80	98
六月	83	49	61	—	117	134
七月	111	—	—	—	152	169
八月	141	156	168	176	186	201
九月	171	—	—	164	216	227
十月	200	—	—	—	234	—
十一月	231	—	—	—	—	220
十二月	262	271	282	—	223	233

	火星	木星	土星
七月	242	180	~~19~~ 37
八月	250	185	39
九月	266	191丁	38
十月	285	197	36水
十一月	307	204	34
十二月	329	210	32
1970			
一月	352	214	32
二月	15	216	33
三月	35	215	36
四月	56	212水	39丁
五月	77	209	43
六月	98	207	47
七月	117丁	207	50
八月	137	210	52
九月	157	215	52
十月	176	221丁	51
十一月	196	228	48水
十二月	215	234	46

附note 6

月龄 The Moon's Age

月龄是從新月计标；七日是第一象限，十五日达到满月，和二十二日到第三象限。第六表是根据 P. Harvey 在 1941.7. 在 Journal of the British Astronomical Association 所设的近似公式，和排出的月龄表从 1961、1 朔月开始到 1990.12、

如何寻找月龄

第一法　第六表（从 1961 到 1900）

从第六表寻月开始，从表上所示月龄的数字加入补。（总数超过 29，则减去 30）

误差一般是 1 天，或有 2 天。

例如：求 1964 年 12 月 24 号耶稣圣诞晚上的月龄？

1964 年 12 月，六表上写着数字 26、因此，月龄 12 月 24 号是 26+24−30＝20 日。月是近於第三象限，并近於半夜在東天可以看见。

注意 观察者在美国，晚上，可以这样做，表上月龄上可加 1 天；因为这表上的

日子是以英国，格林威士 Greenwich，England 半夜为日子的标准的。

第二法　日子并不包括在第六表中。

Harvey's formula 哈维公式是日常正确到一天或两天之内，过了耶稣纪元，用今日格历。它的计算如下：　1964、12、24

纪元以19除之；

只存其余数　(7)

余数以11乘之　+77

加上世纪的寸，余数不要　+6

加上世纪的去，余数不要　+4

加数字　+8

减去世纪数字　−19

加上月份数字，3月开始=1

（2月=12和正月=11属于前年）　+10

加上月份的日期　+24

总数　110

减去30乘数　−90

月龄（日期）　20

表六 每月从朔日起的月龄（1961年正月至1990年十二月）

The Moon's age on the zeroth day of each month (January 1961 to December 1990).

	一月	二月	三月	四月	五月	六月	七月	八月	九月	十月	十一月	十二月
1961	13	14	14	15	16	17	18	19	20	21	22	23
1962	24	25	25	26	27	28	29	0	1	2	3	4
1963	5	6	6	7	8	9	10	11	12	13	14	15
1964	16	17	17	18	19	20	21	22	23	24	25	26
1965	27	28	28	29	0	1	2	3	4	5	6	7
1966	8	9	9	10	11	12	13	14	15	16	17	18
1967	19	20	20	21	22	23	24	25	26	27	28	29
1968	0	1	1	2	3	4	5	6	7	8	9	10
1969	11	12	12	13	14	15	16	17	18	19	20	21
1970	22	23	23	24	25	26	27	28	29	0	1	2
1971	3	4	4	5	6	7	8	9	10	11	12	13
1972	14	15	15	16	17	18	19	20	21	22	23	24
1973	25	26	26	27	28	29	0	1	2	3	4	5
1974	6	7	7	8	9	10	11	12	13	14	15	16
1975	17	18	18	19	20	21	22	23	24	25	26	27

1976	28	29	0	1	2	3	4	5	6	7	8	9
1977	10	11	11	12	13	14	15	16	17	18	19	20
1978	21	22	22	23	24	25	26	27	28	29	0	1
1979	2	3	3	4	5	6	7	8	9	10	11	12
1980	13	14	14	15	16	17	18	19	20	21	22	23
1981	24	25	25	26	27	28	29	0	1	2	3	4
1982	5	6	6	7	8	9	10	11	12	13	14	15
1983	16	17	17	18	19	20	21	22	23	24	25	26
1984	27	28	28	29	0	1	2	3	4	5	6	7
1985	8	9	9	10	11	12	13	14	15	16	17	18
1986	19	20	20	21	22	23	24	25	26	27	28	29
1987	0	1	1	2	3	4	5	6	7	8	9	10
1988	11	12	12	13	14	15	16	17	18	19	20	21
1989	22	23	23	24	25	26	27	28	29	0	1,2	
1990	3	4	4	5	6	7	8	9	10	11	12	13

阶级社会中任何思想体系都代表着某个阶级的利益 哲学也是一样

某一阶级思想体系 哲学 表现这个阶级的特点 表现出这个阶级在社会关系的体系中的地位 以及在社会历史上的作用

马克思主义的哲学是体现无产阶级、劳动者和被剥削人民大众的利益的思想体系

隋书律曆志 "高祖作辅，方行禅代之事，欲以符命曜于天下。道士张宾揣知上意，自云元相洞晓星曆，因盛言有代谢之征。又称上仪表非人臣相。由是大被知遇。" 高祖下诏曰：張宾等存心算数，……实为精密。宜颁天下，依法施行。

For
Dec. 24
1964

Divide the year number by 19:
Keep only the remainder (7)

Multiply the remainder by 11 +77

Add 1/3 of the century number
excluding fractions + 6

Add 1/4 of the century number
excluding fractions + 4

Add the number 8 + 8

Subtract the number of
the Century −19

Add the number of the month,
beginning with March = 1
(February = 12 and January
= 11 of the previous year) +10

Add the day of the month +24

Sum 110

Subtract multiples of 30 −90

Age of the Moon (days) 20